# もくじ

## 大日本図書版　数学1年

テストの範囲や学習予定日をかこう！

| 学習計画 | |
|---|---|
| 出題範囲 | 学習予定日 |
| 5/14 | 5/10 |
| テストの日 | 5/11 |



| | 教科書ページ | この本のページ ココが要点 テスト対策問題 | この本のページ 予想問題 | 学習計画 出題範囲 | 学習計画 学習予定日 |
|---|---|---|---|---|---|
| **1章　数の世界のひろがり** | | | | | |
| 1節 数の見方　2節 正の数，負の数 | 14~25 | 2~3 | 4 | | |
| 3節 加法，減法　4節 乗法，除法　5節 正の数，負の数の利用 | 26~61 | 5~6 | 7~9 | | |
| 章末予想問題 | 12~65 | | 10~11 | | |
| **2章　文字と式** | | | | | |
| 1節 文字と式 | 68~81 | 12~13 | 14 | | |
| 2節 式の計算　3節 文字と式の利用　4節 関係を表す式 | 82~95 | 15~16 | 17~19 | | |
| 章末予想問題 | 66~98 | | 20~21 | | |
| **3章　1次方程式** | | | | | |
| 1節 方程式　2節 1次方程式の解き方(1) | 102~109 | 22~23 | 24~25 | | |
| 2節 1次方程式の解き方(2)　3節 1次方程式の利用 | 110~120 | 26~27 | 28~29 | | |
| 章末予想問題 | 100~123 | | 30~31 | | |
| **4章　量の変化と比例，反比例** | | | | | |
| 1節 量の変化　2節 比例(1) | 126~141 | 32~33 | 34~35 | | |
| 2節 比例(2)　3節 反比例　4節 関数の利用 | 142~159 | 36~37 | 38~39 | | |
| 章末予想問題 | 124~163 | | 40~41 | | |
| **5章　平面の図形** | | | | | |
| 1節 平面図形とその調べ方 | 166~177 | 42~43 | 44 | | |
| 2節 図形と作図　3節 図形の移動 | 178~197 | 45~46 | 47~49 | | |
| 章末予想問題 | 164~201 | | 50~51 | | |
| **6章　空間の図形** | | | | | |
| 1節 空間にある立体　2節 空間にある図形 | 204~213 | 52~53 | 54~55 | | |
| 3節 立体のいろいろな見方　4節 立体の表面積と体積<br>5節 図形の性質の利用 | 214~233 | 56~57 | 58~59 | | |
| 章末予想問題 | 202~237 | | 60~61 | | |
| **7章　データの分析** | | | | | |
| 1節 データの分析　2節 データにもとづく確率<br>3節 データの利用 | 240~258 | 62 | 63 | | |
| 章末予想問題 | 238~263 | | 64 | | |

解答と解説 …… 別冊

ふろく　テストに出る！ 5分間攻略ブック …… 別冊

# 1章 数の世界のひろがり

## 1節 数の見方　2節 正の数，負の数

テストに出る！ 教科書のココが要点

### さらっとまとめ（赤シートを使って，□に入るものを考えよう。）

**1 素因数分解** 教 p.14〜p.17

・1，2，3，4，……を［自然数］という。　注 自然数に［0］はふくまない。
自然数をいくつかの自然数の積で表すとき，1とその数自身の積の形でしか表せない数を［素数］という。　例 2，3，5，7　注［1］は素数にふくめない。

・自然数を素因数だけの積の形に表すことを，［素因数分解］するという。

・同じ数をいくつかかけ合わせたものを，その数の［累乗（るいじょう）］という。
例 $5\times5\times5=5^3$ ←［指数］

**2 符号のついた数** 教 p.18〜p.23

・0より大きい数を［正の数］という。　例 +3 →「プラス3」と読む。

・0より小さい数を［負の数］という。　例 −7 →「マイナス7」と読む。

・収入と損失のように反対向きの性質をもった数量は，正の数，負の数で表すことができる。　例 北⇔南　東⇔西　高い⇔低い　長い⇔短い　増える⇔減る

**3 数の大小と絶対値** 教 p.24〜p.25

・不等号　㊙小［<］㊚大　㊚大［>］㊙小　※3つの数のときは，小［<］中［<］大

・数直線上で，原点からある数を表す点までの距離（きょり）を，その数の［絶対値（ぜったいち）］という。

### スピード確認（□に入るものを答えよう。答えは，下にあります。）

**1**

□ 45を素因数分解すると［①］

□ 18と24の最大公約数は［②］で，最小公倍数は［③］である。
★18と24を素因数分解して考える。

**2**

□ 南北に通じる道路上で，どちらへも進まないことを基準の0mと考えます。南へ200m進むことを+200mと表すとき，北へ200m進むことを［④］と表す。

**3**

□ 下の数直線について，答えなさい。

←負の向き　小さくなる　［⑤］　大きくなる　正の向き→

−4　［⑥］　−2　−1　0　+1　［⑦］　+3　+4

□ +2の絶対値は［⑧］で，−7の絶対値は［⑨］である。
★絶対値を考えるときは，その数の符号（ふごう）をとればよい。

①
②
③
④
⑤
⑥
⑦
⑧
⑨

答　① $3^2\times5$　② 6　③ 72　④ −200m　⑤ 原点　⑥ −3　⑦ +2　⑧ 2　⑨ 7

# 基礎力UP テスト対策問題

**1** 素因数分解，最大公約数・最小公倍数　次の数を求めなさい。

(1)　39 と 52 の最大公約数　　(2)　90 と 105 の最小公倍数

**2** 符号のついた数　次の数量を表しなさい。

(1)　ある時刻から 2 時間後の時刻を ＋2 時間と表すとき，3 時間前の時刻。

(2)　ある品物の重さが基準の重さより 5 kg 軽いことを －5 kg と表すとき，12 kg 重いこと。

**3** 数直線　次の数直線上の点 A，B，C，D が表す数を答えなさい。また，次の数を表す点を示しなさい。

＋4，－3，＋2.5，－4.5

A(　　)　B(　　)　C(　　)　D(　　)

－5　　0　　＋5

**4** 絶対値　次の問いに答えなさい。

(1)　次の数の絶対値を答えなさい。

①　－9　　②　－7.2　　③　$-\frac{7}{10}$

(2)　絶対値が 4 である数を答えなさい。

(3)　絶対値が 4.5 より小さい整数は全部で何個ありますか。

**5** 数の大小　次の各組の数の大小を，不等号を使って表しなさい。

(1)　＋2，－7　　(2)　－3，－5

(3)　＋5，－7，－4　　(4)　－0.1，－1，＋0.01

## テスト対策ナビ

**思い出そう!**
次の意味をたしかめておこう。
約数，公約数，最大公約数，倍数，公倍数，最小公倍数

**2** 反対向きの性質を表しているので，＋，－の符号をつけて表せる。
(1)「後」⇔「前」
(2)「軽い」⇔「重い」

**ポイント**
整数や小数，分数は数直線上の点で表すことができ，右のほうにある数ほど大きくなっている。

負の数の大小や絶対値の問題は数直線をかいて判断しよう。

**ミス注意!**
3 つの数の大小を不等号で表すときは，「㊦＜㊥＜㊤」と表す。

テストに出る！

# 予想問題　1章 数の世界のひろがり 1節 数の見方　2節 正の数，負の数

🕓20分　/12問中

**1** 素因数分解　88 を素因数分解しなさい。

**2** よく出る　正の数，負の数　次の問いに答えなさい。

(1) 0°C より高い温度を正の数，低い温度を負の数で表しなさい。

① 0°C より 6°C 低い温度　　② 0°C より 3.5°C 高い温度

(2) 東西に通じる道路上で，どちらへも進まないことを基準の 0 m と考えます。東へ 500 m 移動することを +500 m と表すとき，次の数量はどんな移動を表しますか。

① +800 m　　② −300 m

**3** 数の大小　次の各組の数の大小を，不等号を使って表しなさい。

(1) −5，+3　　(2) −4，−4.5

(3) +0.4，0，−0.04　　(4) −0.3，$-\frac{1}{4}$，$-\frac{2}{5}$

**4** 数直線と絶対値　次の 8 つの数について，下の問いに答えなさい。

−2　$+\frac{2}{3}$　−2.3　0　$-\frac{5}{2}$　+2　−0.8　+1.5

(1) 最も小さい数を答えなさい。

(2) 絶対値が等しいものはどれとどれですか。

(3) 絶対値が 1 より小さい数は全部で何個ありますか。

**4** 分数は小数になおして考える。　$+\frac{2}{3}=+0.666\cdots$　$-\frac{5}{2}=-2.5$

## 3節 加法，減法　4節 乗法，除法　5節 正の数，負の数の利用

### テストに出る！ 教科書のココが要点

#### さらっとまとめ（赤シートを使って，□に入るものを考えよう。）

**1 加法，減法** 教 p.26〜p.39

・正の数，負の数をひくことは，その数の 符号 を変えて加えることと同じである。

例 $3-(+2)=3+(-2)$　　$3-(-2)=3+(+2)$

・加法と減法の混じった式の計算は，項だけを並べた式に表してから計算する。

**2 乗法，除法** 教 p.42〜p.53

・積の符号　負の数が偶数(ぐうすう)個→ ＋　例 $(-2)\times(-3)\times4=+24$

　　　　　　負の数が奇数(きすう)個→ －　例 $(-2)\times(-3)\times(-4)=-24$

・ある数でわることは，その数の 逆数 をかけることと同じである。

**3 四則の混じった式の計算** 教 p.54〜p.55

・累乗やかっこの中の計算⇒乗法や除法の計算⇒加法や減法の計算

#### スピード確認（□に入るものを答えよう。答えは，下にあります。）

**1**

□ $(-2)+(-5)=-(2+5)=$ ①

★同じ符号の 2 つの数の和は，絶対値の和に 2 つの数と同じ符号をつける。

□ $(-2)+(+5)=+(5-2)=$ ②

★異なる符号の 2 つの数の和は，絶対値の大きいほうから小さいほうをひき，絶対値の大きいほうの数と同じ符号をつける。

□ $(+4)-(+7)=(+4)+(-7)=-(7-4)=$ ③

□ $(-4)-(-8)=(-4)+(+8)=+(8-4)=$ ④

□ $2+(-6)-8-(-3)=2-6-8$ ⑤

$=2+3-6-8=5-$ ⑥ $=$ ⑦

**2**

□ $(-2)\times(-5)=+(2\times5)=$ ⑧

★ 2 つの数の積の符号　$(+)\times(+)\to(+)$　$(-)\times(-)\to(+)$　$(+)\times(-)\to(-)$　$(-)\times(+)\to(-)$

□ $(-4)\times(-13)\times(-5)=-(4\times5\times13)=$ ⑨

□ $(-2)^2=$ ⑩　□ $-2^2=$ ⑪　□ $(-2)^3=$ ⑫

★$(-2)^2=(-2)\times(-2)$　★$-2^2=-(2\times2)$　★$(-2)^3=(-2)\times(-2)\times(-2)$

□ $(-10)\div(-5)=+(10\div5)=$ ⑬

★ 2 つの数の商の符号　$(+)\div(+)\to(+)$　$(-)\div(-)\to(+)$　$(+)\div(-)\to(-)$　$(-)\div(+)\to(-)$

①____
②____
③____
④____
⑤____
⑥____
⑦____
⑧____
⑨____
⑩____
⑪____
⑫____
⑬____

答 ①−7　②+3 (3)　③−3　④+4 (4)　⑤+3　⑥14　⑦−9　⑧+10 (10)　⑨−260　⑩+4 (4)　⑪−4　⑫−8　⑬+2 (2)

解答 p.2

## 基礎力UP テスト対策問題

**1** 加法，減法　次の計算をしなさい。

(1) $(-8)+(+3)$　　(2) $(-6)-(-4)$

(3) $(+5)+(-8)+(+6)$　　(4) $-6-(+5)+(-11)$

(5) $-9+3+(-7)-(-5)$　　(6) $2-8-4+6$

**2** 乗法　次の計算をしなさい。

(1) $(+8)\times(+6)$　　(2) $(-4)\times(-12)$

(3) $(-5)\times(+7)$　　(4) $\left(-\frac{3}{5}\right)\times 15$

**3** 累乗を使って表す　次の式を累乗の指数を使って表しなさい。

(1) $8\times8\times8$　　(2) $(-1.5)\times(-1.5)$

**4** 累乗の計算　次の計算をしなさい。

(1) $(-3)^3$　　(2) $-2^5$

(3) $(-5)\times(-5^2)$　　(4) $(5\times2)^3$

**5** 逆数　次の数の逆数を求めなさい。

(1) $-\frac{1}{10}$　　(2) $\frac{17}{5}$　　(3) $-21$　　(4) $0.6$

**6** 除法　次の計算をしなさい。

(1) $(+54)\div(-9)$　　(2) $(-72)\div(-6)$

(3) $(-8)\div(+36)$　　(4) $18\div\left(-\frac{6}{5}\right)$

### テスト対策ナビ

**ポイント**

■+(+●)=■+●
■+(−●)=■−●
■−(+●)=■−●
■−(−●)=■+●

乗除だけの式の計算は，まず符号から考えよう。

**絶対に覚える!**

累乗　指数

$(-4)^2=(-4)\times(-4)$
⇒−4を2個かけ合わせる。

$-4^2=-(4\times4)$
⇒4を2個かけ合わせる。

小数は分数になおしてから逆数を考えるよ。

解答 p.2

テストに出る！

# 予想問題 ① 1章 数の世界のひろがり 3節 加法，減法

20分

/13問中

**1** よく出る 加法，減法　次の計算をしなさい。

(1) $(+9)+(+13)$

(2) $(-11)-(-27)$

(3) $(-7.5)+(-2.1)$

(4) $\left(+\frac{2}{3}\right)-\left(+\frac{1}{2}\right)$

(5) $-7+(-9)-(-13)$

(6) $6-8-(-11)+(-15)$

(7) $-5.2+(-4.8)+5$

(8) $4-(-3.2)+\left(-\frac{2}{5}\right)$

(9) $2-0.8-4.7+6.8$

(10) $-1+\frac{1}{3}-\frac{5}{6}+\frac{3}{4}$

**2** 表の読み取り　下の表は，A～Fの6人の生徒の身長を，160 cmを基準にして，それより高い場合を正の数，低い場合を負の数で表したものです。

| 生徒 | A | B | C | D | E | F |
|---|---|---|---|---|---|---|
| 基準との差(cm) | +3 | −2 | 0 | +8 | −4 | −6 |

(1) Aの身長は何 cmですか。

(2) 最も身長が高い生徒と最も身長が低い生徒の身長の差は何 cmですか。

(3) Dの身長を基準にして，基準とEとの身長の差を，＋，－の符号を使って表しなさい。

成績UPナビ

**1** 負の数をたしたり，ひいたりするときに，符号のミスが起こりやすいから注意しよう！

(5) $-7\underline{+(-}9)\underline{-(-}13)=-7\underline{-}9\underline{+}13$

テストに出る！

# 予想問題 ②

## 1章 数の世界のひろがり
## 4節 乗法，除法

20分　/20問中

**1** よく出る 乗法　次の計算をしなさい。

(1) $(+15)\times(-8)$

(2) $(+0.4)\times(-2.3)$

(3) $0\times(-3.5)$

(4) $\left(-\frac{2}{3}\right)\times\left(-\frac{3}{4}\right)$

**2** 計算のくふう　次の計算をしなさい。

(1) $4\times(-17)\times(-5)$

(2) $13\times(-25)\times4$

(3) $-3\times(-8)\times(-125)$

(4) $18\times23\times\left(-\frac{1}{6}\right)$

**3** よく出る 除法　次の計算をしなさい。

(1) $(-108)\div12$

(2) $0\div(-13)$

(3) $\left(-\frac{35}{8}\right)\div(-7)$

(4) $\left(-\frac{4}{3}\right)\div\frac{2}{9}$

**4** よく出る 乗法と除法の混じった式の計算　次の計算をしなさい。

(1) $9\div(-6)\times(-8)$

(2) $(-96)\times(-2)\div(-12)$

(3) $-5\times16\div\left(-\frac{5}{8}\right)$

(4) $18\div\left(-\frac{3}{8}\right)\times\left(-\frac{5}{16}\right)$

(5) $\left(-\frac{3}{4}\right)\times\frac{8}{3}\div0.2$

(6) $-\frac{9}{7}\times\left(-\frac{21}{4}\right)\div\frac{27}{14}$

(7) $(-3)\div(-12)\times32\div(-4)$

(8) $(-20)\div(-15)\times(-3^2)$

成績UPナビ

**2** 交換法則　$a+b=b+a$　$a\times b=b\times a$
結合法則　$(a+b)+c=a+(b+c)$　$(a\times b)\times c=a\times(b\times c)$

解答 p.3

テストに出る！

# 予想問題 ③ 1章 数の世界のひろがり 4節 乗法，除法 5節 正の数，負の数の利用

🕓20分 /16問中

**1** よく出る 四則の混じった式の計算 次の計算をしなさい。

(1) $4-(-6)\times(-8)$

(2) $-7-24\div(-8)$

(3) $-6\times(-5)^2-(-20)$

(4) $(-1.2)\times(-4)-(-6)$

(5) $6.3\div(-4.2)-(-3)$

(6) $\frac{6}{5}+\frac{3}{10}\times\left(-\frac{2}{3}\right)$

(7) $12\times\left(\frac{3}{4}-\frac{5}{3}\right)$

(8) $21\times(-3)+21\times(-7)$

**2** 数の集合 右の図は，自然数，整数，数の関係を，集合として表したものです。次の数は，㋐～㋒のどこにあてはまりますか。記号で答えなさい。

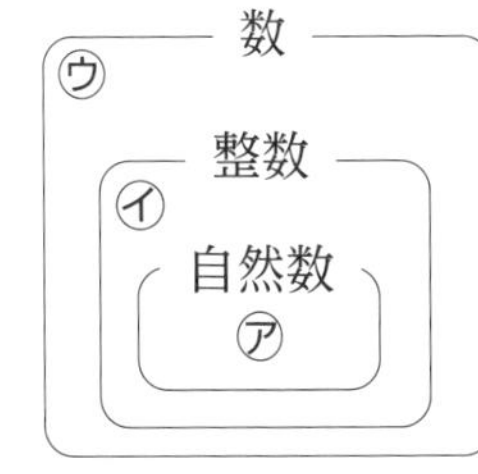


(1) $-2$ (2) $5$ (3) $0.2$ (4) $-\frac{2}{3}$ (5) $0$

**3** 正の数，負の数の利用 右の表は，A，B，C，Dの4人の生徒が使ったノートの冊数を，Bが使ったノートの冊数を基準にして表したものです。Aが使ったノートの冊数を21冊とするとき，次の問いに答えなさい。

| 生 徒 | A | B | C | D |
|---|---|---|---|---|
| Bとの差（冊） | $-4$ | $0$ | $+2$ | $-6$ |

(1) Aが使ったノートの冊数は，Cが使ったノートの冊数より何冊多いですか。

(2) 最も多く使った人と最も少なかった人との冊数の差は何冊ですか。

(3) A，B，C，Dの4人が使ったノートの冊数の平均を求めなさい。

**1** (7)(8)分配法則 $a\times(b+c)=a\times b+a\times c$

**2** 「自然数」→「正の整数」 「整数」→「負の整数」，「0」，「正の整数」

テストに出る！

# 章末予想問題 1章 数の世界のひろがり

30分

/100点

**1** 次の問いに答えなさい。 6点×2〔12点〕

(1) 15 以上 40 以下の素数をすべて求めなさい。

(2) 76 を素因数分解しなさい。

**2** 次の問いに答えなさい。 4点×2〔8点〕

(1) 現在から 5 分後を +5 分と表すことにすれば，10 分前はどのように表されますか。

(2) 「−2 年後」を，−を使わないで表しなさい。

**3** 次の計算をしなさい。 4点×4〔16点〕

(1) $(-8)+(-5)-(-6)$

(2) $6-(-2)-11-(+7)$

(3) $-\frac{2}{5}-0.6-\left(-\frac{5}{7}\right)$

(4) $-1.5+\frac{1}{3}-\frac{1}{2}+\frac{1}{4}$

**4** 次の計算をしなさい。 4点×9〔36点〕

(1) $(-2)\times(-5)^2$

(2) $(-81)\div(-3^3)$

(3) $-12\div18\times(-4)$

(4) $-2^2\div(-1)^3\times(-3)$

(5) $(-4)^2-4^2\times3$

(6) $-24\div\{(-3)^2-(8-11)\}$

(7) $16-(9-13)\times(-7)$

(8) $3\times(-18)+3\times(-32)$

(9) $15\times\left(\frac{2}{3}-\frac{4}{5}\right)$

解答 p.4

**満点ゲット作戦**

四則計算のしかたを整理しておこう。累乗の計算は，どの数を何個かけ合わせるのか確かめよう。例 $-4^2=-(4\times4)$

**5** 右の表で，縦，横，斜(なな)めのどの 3 つの数を加えても和が等しくなるようにします。 7 点×2〔14 点〕

| +2 | | |
|---|---|---|
| | −1 | |
| | +3 | −4 |

(1) 右の表を完成させなさい。

(2) 表の中の 9 つの数の和を求めなさい。

**6** 差がつく 下の表は，A～Hの 8 人の生徒のテストの得点を，60 点を基準にして表したものです。 7 点×2〔14 点〕

| 生　徒 | A | B | C | D | E | F | G | H |
|---|---|---|---|---|---|---|---|---|
| 基準との差（点） | +6 | −8 | +18 | −5 | 0 | −15 | +11 | −3 |

(1) 8 人の得点について，基準との差の平均を求めなさい。

(2) 8 人の得点の平均を求めなさい。

| | | | |
|---|---|---|---|
| 1 | (1) | | (2) |
| 2 | (1) | (2) | |
| 3 | (1) | (2) | (3) |
| | (4) | | |
| 4 | (1) | (2) | (3) |
| | (4) | (5) | (6) |
| | (7) | (8) | (9) |
| 5 | (1) +2 / / ; / −1 / ; / +3 / −4 | (2) | |
| 6 | (1) | (2) | |

まちがえたら，解きなおそう！

| 1 | /12点 | 2 | /8点 | 3 | /16点 | 4 | /36点 | 5 | /14点 | 6 | /14点 |
|---|---|---|---|---|---|---|---|---|---|---|---|

# 1節 文字と式

## テストに出る！ 教科書のココが要点

### さらっとまとめ（赤シートを使って，□に入るものを考えよう。）

**1 文字と式** 教 p.72〜p.75

・積の表し方…[1]文字を使った式では，乗法の記号 [×] を省いて書く。 例 $2\times x=2x$

[2]文字と数との積では，数を文字の [前] に書く。 例 $y\times 5=5y$

[3]同じ文字の積は，累乗（るいじょう）の [指数] を使って表す。 例 $a\times a=a^2$

・商の表し方

…文字を使った式では，除法の記号 [÷] を使わずに，分数の形で表す。 例 $x\div 5=\dfrac{x}{5}$

注 $x\div 5$ は $x\times\dfrac{1}{5}$ と同じことだから，$\dfrac{x}{5}$ は $\dfrac{1}{5}x$ と書くこともある。

**2 式の値** 教 p.78〜p.79

・式の値（あたい）…式の中の文字に数を代入（だいにゅう）して計算した結果のこと。

### スピード確認（□に入るものを答えよう。答えは，下にあります。）

**1**

(1) 次の式を，記号×，÷を使わないで表しなさい。

□ $b\times 3\times a=$ [①]　□ $(x+y)\times(-2)=$ [②]

□ $x\times y\times y\times y=$ [③]　□ $x\div(-4)=$ [④]

□ $a\times 3-5=$ [⑤]　□ $(x-6)\times\dfrac{3}{4}=$ [⑥]

(2) 次の数量を式で表しなさい。

□ 1個 $x$ 円のりんごを7個買い，1000円出したときのおつりは [⑦] (円) である。

□ 周の長さが $a$ cm である正方形の1辺の長さは [⑧] cm である。

□ $x$ kg の荷物を $y$ g の箱に詰めたときの全体の重さは [⑨] (kg) である。 ★単位をそろえる。$y\text{ g}=\dfrac{y}{1000}\text{ kg}$

**2**

$x=-3$ のときの，次の式の値を求めなさい。

□ $2x-5$ … [⑩]　★$2x-5=2\times(-3)-5$

□ $4x^2$ … [⑪]　★$4x^2=4\times(-3)^2=4\times(-3)\times(-3)$

□ $-\dfrac{6}{x}$ … [⑫]　★$-\dfrac{6}{x}=-\dfrac{6}{-3}=+\dfrac{6}{3}$

①
②
③
④
⑤
⑥
⑦
⑧
⑨
⑩
⑪
⑫

答 ①$3ab$ ②$-2(x+y)$ ③$xy^3$ ④$-\dfrac{x}{4}$ ⑤$3a-5$ ⑥$\dfrac{3}{4}(x-6)$ ⑦$1000-7x$ ⑧$\dfrac{a}{4}$ ⑨$x+\dfrac{y}{1000}$ ⑩$-11$ ⑪$36$ ⑫$2$

## 基礎力UP テスト対策問題

**1** 式を書くときの約束　次の式を，記号×，÷を使わないで表しなさい。

(1) $a\times b\times(-1)$　　(2) $x\times x\times y\times x\times y$

(3) $4\times x+2$　　(4) $7-5\times x$

(5) $(x-y)\times 5$　　(6) $(x-y)\div 5$

**2** 式による数量の表し方　次の数量を式で表しなさい。

(1) 1個$x$円のケーキを4個買い，50円の箱に入れてもらったときの代金

(2) $a$ km の道のりを4時間かけて進んだときの速さ

(3) $x$個のみかんを12人の子どもに$y$個ずつ配ったときに残ったみかんの個数

(4) $x$と$y$の差の8倍

**3** 式による数量の表し方　次の数量を，〔　〕の中の単位にそろえた式で表しなさい。

(1) $a$ m のリボンから $b$ cm のリボンを切り取ったとき，残ったリボンの長さ〔cm〕

(2) 時速$x$ km で$y$分間歩いたときに進んだ道のり〔km〕

**4** 数量の表し方　次の数量を式で表しなさい。

(1) $x$人の21 %　　(2) $a$円の9割

**5** 式の値　$a=\frac{1}{3}$ のときの，次の式の値を求めなさい。

(1) $12a-2$　　(2) $-a^2$　　(3) $\frac{a}{9}$

### テスト対策ナビ

**ミス注意！**

■$(x-y)\times 3$
$=3(x-y)$
かっこはそのまま

■$(x-y)\div 3$
$=\frac{x-y}{3}$
かっこはつけない
※$\frac{1}{3}(x-y)$ と書くこともできる。

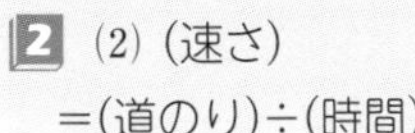

**2** (2) (速さ)
=(道のり)÷(時間)

$a$ m=$100a$ cm，
$y$ 分=$\frac{y}{60}$ 時間
になるね。

**思い出そう！**

割合
1 %… $\frac{1}{100}$
1 割… $\frac{1}{10}$

**5** (3) 次のように考えてから，代入する。
$\frac{a}{9}=\frac{1}{9}a=\frac{1}{9}\times a$

解答 p.5

テストに出る！

# 予想問題 2章 文字と式 1節 文字と式

20分

/19問中

**1** よく出る 式を書くときの約束 次の式を，記号×，÷を使わないで表しなさい。

(1) $x\times(-5)-y\div3$　　(2) $5a\div2$

(3) $a\div3\times b\times b$　　(4) $x\div y\div4$

**2** ×や÷を使った式 次の式を，記号×，÷を使って表しなさい。

(1) $3a^2b$　　(2) $\dfrac{x}{3}$

(3) $-6(x-y)$　　(4) $2a-\dfrac{b}{5}$

**3** よく出る 式による数量の表し方 次の数量を式で表しなさい。

(1) 300ページの本を毎日10ページずつ$m$日読んだときの残りのページ数

(2) 50円切手を$x$枚と100円切手を$y$枚買ったときの代金の合計

(3) 十の位が$x$，一の位が3の2桁の自然数

(4) $n$を整数とするときの8の倍数

**4** 式の値 $a=-5$，$b=-3$ のときの，次の式の値を求めなさい。

(1) $-2a-10$　　(2) $3(-a)^2$　　(3) $-\dfrac{a}{8}$

(4) $2a-4b$　　(5) $-4ab$

**5** 式の値 右の図の直方体について，体積を式で表しなさい。
また，$a=4$ のときの体積を求めなさい。

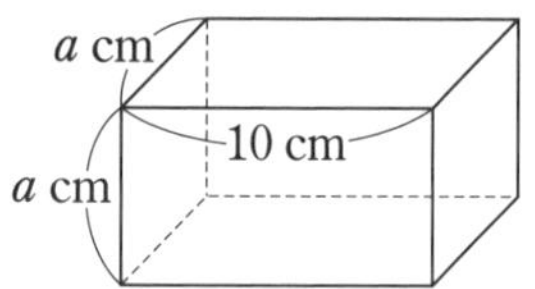


成績UPナビ

**3** (3) 十の位の数が$x$，一の位の数が$y$の2桁の自然数は，$10x+y$と表せる。

**4** 負の数を代入するときは，(　)をつけて代入する。

# 2節 式の計算　3節 文字と式の利用　4節 関係を表す式

## テストに出る！ 教科書のココが要点

### さらっとまとめ（赤シートを使って，□に入るものを考えよう。）

**1 式の計算** 教 p.82〜p.89

・係数…$2x$ のような項で，数の部分のこと。

・1次式の計算…文字の部分が同じ項どうし，数の項どうしを，それぞれまとめる。

・項が1つの1次式と数との乗法…係数にその数をかける。

例 $3x\times2=3\times x\times2=3\times2\times x=6x$

・1次式と数との乗法…［分配法則］を使って計算する。　$a(b+c)=$［$ab+ac$］

・項が1つの1次式を数でわる除法…係数をその数でわるか，わる数の［逆数］をかける。

例 $6x\div2=\dfrac{6x}{2}=3x$ または $6x\div2=6x\times\dfrac{1}{2}=3x$

・1次式を数でわる除法…1次式の各項をその数でわるか，わる数の［逆数］をかける。

例 $(6x+4)\div2=\dfrac{6x+4}{2}=\dfrac{6x}{2}+\dfrac{4}{2}=3x+2$

$(6x+4)\div2=(6x+4)\times\dfrac{1}{2}=6x\times\dfrac{1}{2}+4\times\dfrac{1}{2}=3x+2$

**2 関係を表す式** 教 p.94〜p.95

・等式…等号 = を使って，数量の大きさが等しいという関係を表した式。

・不等式…不等号 >，<，≧，≦ を使って，数量の大小関係を表した式。

### スピード確認（□に入るものを答えよう。答えは，下にあります。）

1

□ $4a-9a=$［①］

□ $2x-7+3x+5=$［②］

□ $(-4)\times(-7x)=$［③］

□ $-2(3a-4)=$［④］

□ $18x\div9=$［⑤］

□ $(6x-8)\div2=$［⑥］

□ $6\times\dfrac{2x-3}{3}=$［⑦］　★$6\times\dfrac{2x-3}{3}=\dfrac{\overset{2}{\cancel{6}}\times(2x-3)}{\underset{1}{\cancel{3}}}=2(2x-3)$ と考える。

□ $(5x-3)+(-x-4)=5x-3-x-4=$［⑧］

□ $(-3a+2)-(4a-7)=-3a+2-4a+7=$［⑨］

★ひく式の各項の符号を変えて加える。

□ $4(x-2)+3(2x-1)=4x-8+6x-3=$［⑩］

★まず，分配法則を使ってかっこをはずす。

①
②
③
④
⑤
⑥
⑦
⑧
⑨
⑩

答 ①$-5a$　②$5x-2$　③$28x$　④$-6a+8$　⑤$2x$　⑥$3x-4$　⑦$4x-6$　⑧$4x-7$　⑨$-7a+9$　⑩$10x-11$

解答 p.5

## 基礎力UP テスト対策問題

**1** 項の計算　次の式を，項をまとめて計算をしなさい。

(1)　$8x+5x$　　(2)　$2y-3y$

(3)　$7x+1-6x-5$　　(4)　$4-\frac{5}{2}a+3a-8$

**2** 項が 1 つの 1 次式と数との乗法，除法　次の計算をしなさい。

(1)　$8a\times6$　　(2)　$6\times\frac{1}{6}y$

(3)　$15x\div5$　　(4)　$3m\div18$

**3** 1 次式と数との乗法，除法　次の計算をしなさい。

(1)　$7(x+2)$　　(2)　$(4x-1)\times(-2)$

(3)　$\frac{1}{4}(8x-4)$　　(4)　$\left(\frac{1}{2}x-\frac{2}{3}\right)\times6$

(5)　$(35x-28)\div7$　　(6)　$\frac{3x+8}{2}\times4$

**4** 1 次式の加法，減法　次の計算をしなさい。

(1)　$(7a-4)+(9a+1)$　　(2)　$(6x-5)-(-3x+8)$

**5** いろいろな計算　次の計算をしなさい。

(1)　$2(4x-10)+3(2x+9)$　　(2)　$5(-2x+1)-3(3x-1)$

**6** 関係を表す式　次の数量の関係を等式または不等式で表しなさい。

(1)　毎分 $a$ L ずつ 30 分間水を入れていくと，$b$ L たまった。

(2)　毎分 $x$ L ずつ $y$ 分間水を入れていくと，100 L 以上たまった。

### テスト対策ナビ

文字の部分が同じ項と数の項をそれぞれまとめるけれど，文字をふくむ項と数の項をまとめることはできなかったね。

### 絶対に覚える!

分配法則

$a(b+c)=ab+ac$

$(a+b)c=ac+bc$

### ポイント

等式

$3x+5y=750$

左辺　右辺

両辺

不等式

$3x+5y\geqq750$

左辺　右辺

両辺

解答 p.6

テストに出る！

# 予想問題 ① 2章 文字と式 2節 式の計算

20分

/24問中

**1** よく出る 項と係数 次の式の項と，文字をふくむ項の係数を答えなさい。

(1) $3a-5$

(2) $-2x+\frac{1}{3}$

**2** よく出る 項の計算 次の式を，項をまとめて計算をしなさい。

(1) $4a+7a$

(2) $8b-9b$

(3) $5a-2-4a+3$

(4) $\frac{b}{4}-3+\frac{b}{2}$

**3** 1次式と数との乗法 次の計算をしなさい。

(1) $3x\times(-2)$

(2) $-8\times2y$

(3) $(-0.4)\times6a$

(4) $(-7)\times\left(-\frac{3}{14}x\right)$

(5) $8(3a-7)$

(6) $-(2m-5)$

(7) $\frac{1}{4}(-4x+2)$

(8) $-12\left(\frac{5}{6}x-\frac{3}{4}\right)$

**4** 1次式を数でわる除法，乗法と除法の混じった式 次の計算をしなさい。

(1) $12a\div(-6)$

(2) $-4b\div8$

(3) $9x\div\left(-\frac{3}{5}\right)$

(4) $\frac{3}{4}y\div\left(-\frac{7}{16}\right)$

(5) $(20a-85)\div(-5)$

(6) $(15m-3)\div(-3)$

(7) $(-18)\times\frac{4a-5}{3}$

(8) $\frac{9x+2}{3}\times15$

**1** (1) 項は $3a-5=3a+(-5)$ と和の形にして考える。

**2** 係数が1や $-1$ の項 ($1\times a$ や $-1\times a$) は，$a$ や $-a$ のように書く。

解答 p.6

テストに出る！

# 予想問題 ②

## 2章 文字と式
## 2節 式の計算　3節 文字と式の利用

20分

/12問中

**1** よく出る　1次式の加法，減法　次の計算をしなさい。

(1) $(3x+6)+(-4x-7)$

(2) $(-2x+4)-(3x+4)$

(3) $(7x-4)+(-2x+4)$

(4) $(-4x-5)-(4x+2)$

(5) $(5a-7)+(-2a+3)$

(6) $(-3a-8)-(-5a+9)$

**2** 1次式の加法，減法　次の2つの式の和を求めなさい。また，左の式から右の式をひいたときの差を求めなさい。

$9x+1$，$-6x-3$

**3** よく出る　いろいろな計算　次の計算をしなさい。

(1) $-2(4-3x)+3(2x-5)$

(2) $\dfrac{1}{3}(6x-12)+\dfrac{3}{4}(8x-4)$

**4** 文字を使った式の利用　右の図のように，マッチ棒を並べて正方形の形に並べていくとき，(1)，(2)に答えなさい。

(1) $n$ 個の正方形をつくるには，マッチ棒は何本必要ですか。

(2) 正方形を10個つくるには，マッチ棒は何本必要ですか。

**3** まずは分配法則を使って，かっこをはずす。

**4** 図から，同じ本数のマッチ棒のかたまりを見つけて，式に表す。

解答 p.7

テストに出る！

# 予想問題 ③

## 2章 文字と式
## 3節 文字と式の利用　4節 関係を表す式

20分

/10問中

**1** 文字を使った式の利用　下の図のように，マッチ棒を並べて正三角形の形に並べていくとき，次の(1)〜(3)に答えなさい。

(1) 正三角形を5個つくるとき，マッチ棒は何本必要ですか。

(2) 次のような方法で，正三角形を$n$個つくるときに必要なマッチ棒の本数を求めました。下の①，②にあてはまる数や式を答えなさい。

$n$個の正三角形をつくると，左端の1本と，［①］本のまとまりが$n$個でできているから，マッチ棒の本数を求める式は，1＋［①］×$n$＝［②］である。

(3) (2)で求めた式を利用して，正三角形を30個つくるのに必要なマッチ棒の本数を求めなさい。

**2** 等式と不等式　次の数量の関係を等式または不等式で表しなさい。

(1) ある数$x$の2倍に3をたすと，15より大きくなる。

(2) 1個$a$gの品物8個の重さは100gより軽い。

(3) 6人の生徒が$x$円ずつ出したときの金額の合計は3000円以上になった。

(4) 1個$a$円のケーキ2個の代金と，1個$b$円のシュークリーム3個の代金は等しい。

(5) 果汁(かじゅう)30％のオレンジジュース$x$mLにふくまれる果汁の量は$y$mL未満である。

(6) 50個のりんごを1人に$a$個ずつ8人に配ると$b$個余る。

**2** 「<，>，≦，≧」の違いを確かめておこう。　(5) 30％→$\frac{30}{100}$として考える。

テストに出る！

# 章末予想問題　2章　文字と式

30分

/100点

**1** 次の式を，記号×，÷を使わないで表しなさい。　4点×4〔16点〕

(1)　$b\times a\times(-2)-5$　　(2)　$x\times3-y\times y\div2$

(3)　$a\div4\times(b+c)$　　(4)　$a\div b\times c\times a\div3$

**2** 次の数量を式で表しなさい。　4点×6〔24点〕

(1)　12本が$x$円である鉛筆の，1本あたりの値段

(2)　$a$の5倍から$b$をひいたときの差

(3)　縦が$x$ cm，横が$y$ cmの長方形の周の長さ

(4)　$a$ kgの8％の重さ

(5)　$a$ mの針金から$b$ mの針金を7本切り取ったとき，残っている針金の長さ

(6)　分速$a$ mで$b$分間歩いたときに進んだ道のり

**3** 1個$x$円のみかんと，1個$y$円のりんごがあります。このとき，$2x+2y$(円)はどんな数量を表していますか。　〔8点〕

**4** $x=-6$のとき，次の式の値を求めなさい。　5点×2〔10点〕

(1)　$3x+2x^2$　　(2)　$\dfrac{x}{2}-\dfrac{3}{x}$

解答 p.7

**満点ゲット作戦**

文字を使った式の表し方を確認しておこう。かっこをはずすときの符号には注意しよう。例 $-3(a+2)=-3a-6$

**5** 差がつく 次の計算をしなさい。 5点×6〔30点〕

(1) $-x+7+4x-9$

(2) $\frac{1}{2}a-1-2a+\frac{2}{3}$

(3) $\left(\frac{1}{3}a-2\right)-\left(\frac{3}{2}a-\frac{5}{4}\right)$

(4) $\frac{4x-3}{7}\times(-28)$

(5) $(-63x+28)\div7$

(6) $2(3x-7)-3(4x-5)$

**6** 次の数量の関係を等式または不等式で表しなさい。 6点×2〔12点〕

(1) ある数 $x$ の 2 倍は，$x$ に 6 を加えた数に等しい。

(2) $x$ 人いたバスの乗客のうち 10 人降りて $y$ 人乗ってきたので，残りの乗客は 25 人以下になった。

| | | | |
|---|---|---|---|
| 1 | (1) | (2) | (3) |
| | (4) | | |
| 2 | (1) | (2) | (3) |
| | (4) | (5) | (6) |
| 3 | | | |
| 4 | (1) | (2) | |
| 5 | (1) | (2) | (3) |
| | (4) | (5) | (6) |
| 6 | (1) | (2) | |

| 1 | 2 | 3 | 4 | 5 | 6 |
|---|---|---|---|---|---|
| /16点 | /24点 | /8点 | /10点 | /30点 | /12点 |

# 1節 方程式　2節 1次方程式の解き方(1)

テストに出る！ 教科書のココが要点

## さらっとまとめ（赤シートを使って，□に入るものを考えよう。）

### 1 方程式とその解，等式の性質 教 p.102〜p.105

・$x$ の値によって成り立ったり成り立たなかったりする等式を，$x$ についての［方程式］という。

・方程式を成り立たせる文字の値を，その方程式の［解］といい，解を求めることを，その方程式を［解く］という。

・等式の性質　注 $A=B$ ならば，$B=A$

$A=B$ ならば　1 $A+C=$［$B+C$］　2 $A-C=$［$B-C$］

3 $AC=$［$BC$］　4 $\frac{A}{C}=$［$\frac{B}{C}$］$(C\neq0)$

### 2 方程式の解き方 教 p.106〜p.109

・方程式を解くには，もとの方程式を「$x=$□」の形に変形すればよい。

・等式の一方の辺にある項を，その符号を変えて他方の辺に移すことを［移項］という。

・方程式を解くには，等式の性質を利用したり，移項の考え方を利用する。

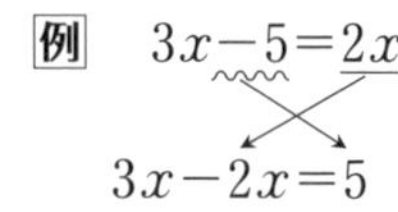

※符号を変えて反対の辺に移す。

## スピード確認（□に入るものを答えよう。答えは，下にあります。）

□ 方程式を解く手順

1 文字 $x$ をふくむ項はすべて左辺に，数だけの項はすべて右辺に［①］する。

2 両辺を計算して，$ax=b$ の形にする。

3 両辺を $x$ の係数［②］でわる。

★解を求めたら，その解で「検算」すると，その解が正しいかどうかを確かめることができる。

2 □ 方程式 $2x-1=6x+9$ を解きなさい。

$2x-1=6x+9$

$2x$［③］$6x=9$［④］$1$　（1）

$-4x=10$　（2）

$\frac{-4x}{［⑤］}=\frac{10}{［⑥］}$　（3）

$x=$［⑦］

※等式の性質を使って
$2x-1=6x+9$ を解くと，
両辺に1をたして
$2x=6x+10$
両辺から $6x$ をひいて
$-4x=10$
両辺を $-4$ でわって
$x=$［⑦］

①＿＿＿
②＿＿＿
③＿＿＿
④＿＿＿
⑤＿＿＿
⑥＿＿＿
⑦＿＿＿

答 ①移項 ②$a$ ③$-$ ④$+$ ⑤$-4$ ⑥$-4$ ⑦$-\frac{5}{2}$

## 基礎力UP テスト対策問題

**1** 等式・方程式　等式 $4x+7=19$ について，次の(1)，(2)に答えなさい。

(1) $x$ が次の値のとき，左辺 $4x+7$ の値を求めなさい。

① $x=1$　　② $x=2$

③ $x=3$　　④ $x=4$

(2) (1)の結果から，等式 $4x+7=19$ が成り立つときの $x$ の値を，①～④の番号で答えなさい。

**2** 等式の性質の利用　次の□にあてはまる数を入れて，方程式を解きなさい。

(1) $x-6=13$

両辺に ①□ をたすと

$x-6+$ ②□ $=13+$ ③□

$x=$ ④□

(2) $\frac{1}{4}x=-3$

両辺に ①□ をかけると

$\frac{1}{4}x\times$ ②□ $=-3\times$ ③□

$x=$ ④□

**3** 方程式の解き方　次の方程式を解きなさい。

(1) $x+4=13$　　(2) $x-2=-5$

(3) $3x-8=16$　　(4) $6x+4=9$

(5) $x-3=7-x$　　(6) $6+x=-x-4$

(7) $4x-1=7x+8$　　(8) $5x-3=-4x+12$

(9) $8-5x=4-9x$　　(10) $7-2x=4x-5$

### テスト対策ナビ

**1** (2) (1)の結果から，
$x=3$ のとき
(左辺)$=19$
(右辺)$=19$
となって，
等式 $4x+7=19$
が成り立つ。

**ポイント**

等式の性質を使って方程式を解くには，
$x=$□
の形にする。
(1)では，
$x-6+6=13+6$
とすればよい。

「移項」するときは，符号を変えるのを忘れないようにしよう。

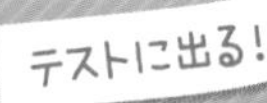

テストに出る！
# 予想問題 ① 3章 1次方程式 1節 方程式

20分　/21問中

**1** よく出る　方程式の解　$-2, -1, 0, 1, 2$ のうち，次の方程式の解になっているものはどれですか。

(1) $3x-4=-7$　　(2) $2x-6=8-5x$

(3) $\frac{1}{3}x+2=x+2$　　(4) $4(x-1)=-x+1$

**2** 方程式の解　次の方程式のなかで，その解が 2 であるものを選び，記号で答えなさい。

㋐ $x-4=-2$　　㋑ $3x+7=-13$

㋒ $6x+5=7x-3$　　㋓ $4x-9=-5x+9$

**3** 等式の性質　次のように方程式を解くとき，(　) にはあてはまる記号を，□にはあてはまる数や式を入れなさい。また，〔　〕には下の等式の性質1〜4のどれを使ったかを1〜4の番号で答えなさい。

(1)
$x+8=2$
$x+8$ (① 　) $8=2$ (② 　) $8$　〔④ 　〕
$x=$ ③□

(2)
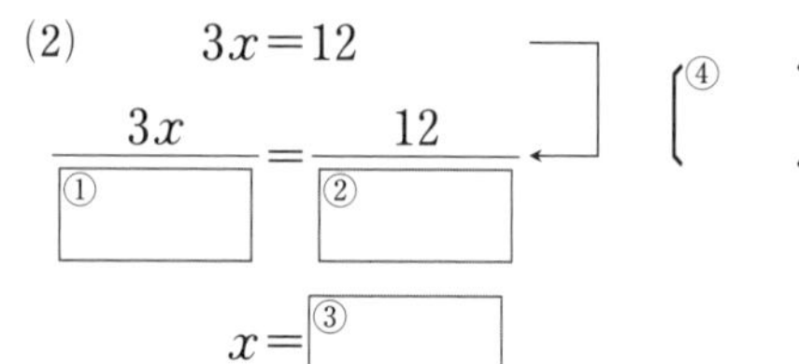

$3x=12$
$\frac{3x}{①□}=\frac{12}{②□}$　〔④ 　〕
$x=$ ③□

(3)
$-2x=14-3x$
$-2x$ ①□ $=14-3x$ ②□　〔④ 　〕
③□ $=14$

(4)
$\frac{3}{2}x=6$
$\frac{3}{2}x\times$ ①□ $=6\times$ ②□　〔④ 　〕
$x=$ ③□

$A=B$ ならば

1 $A+C=B+C$　　2 $A-C=B-C$　　3 $AC=BC$　　4 $\frac{A}{C}=\frac{B}{C}$ $(C\neq 0)$

成績UPナビ　**1** **2** 左辺と右辺それぞれに与えられた値を代入して，両辺の値が等しくなるものが，その方程式の解である。

テストに出る！

# 予想問題 ②　3章 1次方程式　2節 1次方程式の解き方 (1)

🕒 20分　/18問中

**1** よく出る　方程式の解き方　次の方程式を解きなさい。

(1) $x-7=3$　　(2) $x+5=12$

(3) $-4x=32$　　(4) $6x=-5$

(5) $\frac{1}{5}x=10$　　(6) $-\frac{2}{3}x=4$

(7) $3x-8=7$　　(8) $-x-4=3$

(9) $9-2x=17$　　(10) $6=4x-2$

(11) $4x=9+3x$　　(12) $7x=8+8x$

(13) $-5x=18-2x$　　(14) $5x-2=-3x$

(15) $6x-4=3x+5$　　(16) $5x-3=3x+9$

(17) $8-7x=-6-5x$　　(18) $2x-13=5x+8$

**1** 方程式を解くには，等式の性質や移項の考え方を使って，「$x=\square$」の形にすることを考える。

# 2節 1次方程式の解き方(2)　3節 1次方程式の利用

テストに出る！ 教科書のココが要点

## さらっとまとめ (赤シートを使って，□に入るものを考えよう。)

**1 いろいろな1次方程式の解き方** 教 p.110～p.114

- かっこがある1次方程式は，［かっこをはずして］から解く。
- 係数に小数がある1次方程式は，両辺に10，100などをかけて，係数を［整数］になおし，小数をふくまない形にしてから解く。
- 係数に分数がある1次方程式は，両辺に分母の［最小公倍数］をかけて，分母をはらって(係数を整数になおして)分数をふくまない形にしてから解く。
- 比例式の利用　$a:b=c:d$ ならば $ad=$［$bc$］
- 解を求めたら，その解で「検算」すると，その解が正しいか確かめることができる。

**2 1次方程式の利用** 教 p.116～p.120

- わかっている数量と求める数量を明らかにし，何を $x$ にするかを決める。
  → 等しい関係にある数量を見つけて，方程式をつくる。
  → つくった方程式を解く。
  → その方程式の解を問題の答えとしてよいかどうかを確かめ，答えを決める。

## スピード確認 (□に入るものを答えよう。答えは，下にあります。)

2

□ 1個150円のりんごと1個80円のなしを合わせて9個買いました。そのときの代金の合計は1000円でした。このとき，りんごを $x$ 個買うとして，下の表の①～③にあてはまる式を答えなさい。

| | りんご | なし | 合計 |
|---|---|---|---|
| 1個の値段(円) | 150 | 80 | |
| 個数(個) | $x$ | ② | 9 |
| 代金(円) | ① | ③ | 1000 |

★文章題を考えるときは，表をつくって考えるとよい。

□ 上の問題で，方程式をつくると，［④］となり，その方程式を解くと，$x=$［⑤］だから，

★$150x+720-80x=1000$
$70x=1000-720$
$70x=280$

買ったりんごは［⑥］個，なしは［⑦］個である。

★$9-4$

①＿＿＿＿
②＿＿＿＿
③＿＿＿＿
④＿＿＿＿
⑤＿＿＿＿
⑥＿＿＿＿
⑦＿＿＿＿

答 ①$150x$　②$9-x$　③$80(9-x)$　④$150x+80(9-x)=1000$　⑤4　⑥4　⑦5

解答 p.9

## 基礎力UP テスト対策問題

**1** いろいろな方程式の解き方　次の方程式を解きなさい。

(1) $2x-3(x+1)=-6$　(2) $0.7x-1.5=2$

(3) $1.3x-3=0.2x-0.8$　(4) $0.4(x+2)=2$

(5) $\frac{1}{3}x-2=\frac{5}{6}x-1$　(6) $\frac{x-3}{3}=\frac{x+7}{4}$

**2** 比例式　次の比例式を解きなさい。

(1) $x:8=7:4$　(2) $3:x=9:12$

(3) $2:7=\frac{3}{2}:x$　(4) $5:2=(x-4):6$

**3** 速さの問題　兄は8時に家を出発して駅に向かいました。弟は8時12分に家を出発して自転車で兄を追いかけました。兄の歩く速さを分速80 m，弟の自転車の速さを分速240 mとするとき，次の(1)～(4)に答えなさい。

(1) 弟が出発してから$x$分後に兄に追いつくとして，下の表の①～③にあてはまる式を答えなさい。

| | 兄 | 弟 |
|---|---|---|
| 道のり (m) | ① | ② |
| 速さ (m/min) | 80 | 240 |
| 時間 (min) | ③ | $x$ |

(2) (1)の表を利用して，方程式をつくりなさい。

(3) (2)でつくった方程式を解いて，弟が兄に追いつくのは8時何分になるか求めなさい。

(4) 家から駅までの道のりが1800 mであるとき，弟が8時16分に家を出発したとすると，弟は駅に行く途中で兄に追いつくことができますか。

### テスト対策ナビ

**ミス注意！**
かっこをふくむ方程式は，かっこをはずしてから解く。かっこをはずすときは，符号に注意する。
$-○(□-△)$
$=-○×□+○×△$

**絶対に覚える！**
比例式で与えられた方程式は，比例式の性質を使って解く。
$a:b=c:d$
ならば，
$ad=bc$

まずは，与えられた条件を，表に整理して，等しい関係にある数量を見つけて，方程式をつくろう。

テストに出る!

# 予想問題 ①　3章 1次方程式　2節 1次方程式の解き方 (2)

20分　/15問中

**1** よく出る　かっこがある1次方程式　次の方程式を解きなさい。

(1) $3(x+8)=x+12$　(2) $2+7(x-1)=2x$

(3) $2(x-4)=3(2x-1)+7$　(4) $9x-(2x-5)=4(x-4)$

**2** 係数に小数がある1次方程式　次の方程式を解きなさい。

(1) $0.7x-2.3=3.3$　(2) $0.18x+0.12=-0.6$

(3) $x+3.5=0.25x+0.5$　(4) $0.6x-2=x+0.4$

**3** 係数に分数がある1次方程式　次の方程式を解きなさい。

(1) $\frac{2}{3}x=\frac{1}{2}x-1$　(2) $\frac{x}{2}-1=\frac{x}{4}+\frac{1}{2}$

(3) $\frac{1}{3}x-3=\frac{5}{6}x-\frac{1}{2}$　(4) $\frac{1}{5}x-\frac{1}{6}=\frac{1}{3}x-\frac{2}{5}$

**4** 分数の形をした1次方程式　次の方程式を解きなさい。

(1) $\frac{x-1}{2}=\frac{4x+1}{3}$　(2) $\frac{3x-2}{2}=\frac{6x+7}{5}$

**5** $x$についての方程式　$x$についての方程式 $2x+a=7-3x$ の解が2であるとき，$a$の値を求めなさい。

**5** 解が2だから，方程式 $2x+a=7-3x$ は $x=2$ のとき成り立つ。
よって，$2x+a=7-3x$ の$x$に2を代入して，$a$の値を求める。

解答 p.10

テストに出る！

# 予想問題 ②

## 3章 1次方程式
## 2節 1次方程式の解き方 (2) 3節 1次方程式の利用

20分

/8問中

**1** 比例式　次の比例式を解きなさい。

(1) $x:6=5:3$　　(2) $1:2=4:(x+5)$

**2** 過不足の問題　あるクラスの生徒に画用紙を配ります。1人に4枚ずつ配ると13枚余ります。また，5枚ずつ配ると15枚たりません。

(1) 生徒の人数を$x$人として，$x$人に4枚ずつ配ると13枚余ることと，$x$人に5枚ずつ配ると15枚たりないことを右の図は表しています。右の図の①～④にあてはまる式や数を答えなさい。

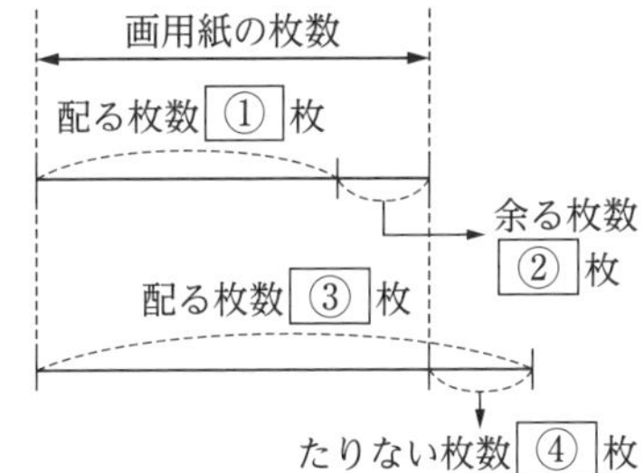


(2) (1)の図を利用して，画用紙の枚数を$x$を使った2通りの式に表しなさい。

(3) 方程式をつくり，生徒の人数と画用紙の枚数を求めなさい。

**3** よく出る　数の問題　ある数の5倍から12をひいた数と，ある数の3倍に14をたした数は等しくなります。ある数を$x$として方程式をつくり，ある数を求めなさい。

**4** 年齢の問題　現在，父は45歳(さい)，子は13歳です。父の年齢(ねんれい)が子の年齢の2倍になるのは，今から何年後ですか。2倍になるのが今から$x$年後として方程式をつくり，今から何年後になるか求めなさい。

**5** 速さの問題　山のふもとから山頂までを往復するのに，行きは時速2 kmで，帰りは時速3 kmで歩いたら，全部で4時間かかりました。山のふもとから山頂までの道のりを$x$ kmとして，方程式をつくり，山のふもとから山頂までの道のりを求めなさい。

**1** (1) $x\times3=6\times5$　(2) $1\times(x+5)=2\times4$

**4** 今から$x$年後の父の年齢は$45+x$(歳)，子の年齢は$13+x$(歳)である。

テストに出る！

# 章末予想問題　3章 1次方程式

30分　/100点

**1** 次の方程式のうち，〔　〕の中の値が解になるものには○，解にならないものには×をつけなさい。　4点×4〔16点〕

(1) $x-3=-4$　〔$x=7$〕

(2) $4x+7=-5$　〔$x=-3$〕

(3) $2x+5=4-x$　〔$x=-1$〕

(4) $12-5x=3x-12$　〔$x=3$〕

**2** 次の方程式を解きなさい。　4点×8〔32点〕

(1) $4x-21=x$

(2) $6-\frac{1}{2}x=4$

(3) $4-3x=-2-5x$

(4) $0.4x+3=x-\frac{3}{5}$

(5) $5(x+5)=10-8(3-x)$

(6) $0.6(x-1)=3.4x+5$

(7) $\frac{2}{3}x-\frac{1}{4}=\frac{5}{8}x-1$

(8) $\frac{x-2}{3}-\frac{3x-2}{4}=-1$

**3** 次の比例式を解きなさい。　4点×4〔16点〕

(1) $x:4=3:2$

(2) $9:8=x:32$

(3) $2:\frac{5}{6}=12:x$

(4) $(x+2):15=2:3$

**4** 差がつく　$x$についての方程式 $x-\frac{3x-a}{2}=-1$ の解が4であるとき，$a$の値を求めなさい。　〔8点〕

解答 p.11

**満点ゲット作戦**

方程式を解いたら，その解を代入して，検算しよう。また，文章題では，何を$x$とおいて考えているのかをはっきりさせよう。

ココが要点を再確認 ／ もう一歩 ／ 合格
0 70 85 100点

**5** 差がつく 講堂(こうどう)の長いすに生徒を5人ずつすわらせていくと，8人の生徒がすわれません。また，生徒を6人ずつすわらせていくと，最後の1脚(きゃく)にすわるのは2人になります。長いすの数を$x$脚として，次の(1)，(2)に答えなさい。 7点×2〔14点〕

(1) $x$についての方程式をつくりなさい。

(2) 長いすの数と生徒の人数を求めなさい。

**6** A，B 2つの容器にそれぞれ360 mLの水が入っています。いま，Aの容器からBの容器に何mLかの水を移したら，Aの容器とBの容器に入っている水の量の比は 4：5 になりました。 7点×2〔14点〕

(1) 移した水の量を$x$ mLとして，$x$についての比例式をつくりなさい。

(2) Aの容器からBの容器に移した水の量を求めなさい。

| | | | | |
|---|---|---|---|---|
| 1 | (1) | (2) | (3) | (4) |
| 2 | (1) | (2) | (3) | |
| | (4) | (5) | (6) | |
| | (7) | (8) | | |
| 3 | (1) | (2) | (3) | |
| | (4) | | | |
| 4 | | | | |
| 5 | (1) | (2) 長いす　生徒 | | |
| 6 | (1) | (2) | | |

| 1 | 2 | 3 | 4 | 5 | 6 |
|---|---|---|---|---|---|
| /16点 | /32点 | /16点 | /8点 | /14点 | /14点 |

# 4章 量の変化と比例，反比例

## 1節 量の変化　2節 比例(1)

テストに出る！ 教科書のココが要点

### さらっとまとめ（赤シートを使って，□に入るものを考えよう。）

**1 関数** 教 p.126～p.129

・ともなって変わる2つの数量 $x$，$y$ があって，$x$ の値を決めると，それに対応して $y$ の値がただ1つに決まるとき，［$y$ は $x$ の関数である］という。

・変数のとりうる値の範囲をその変数の［変域］という。

例 $0 \leqq x < 4$ を，数直線上に表すときは右のようにかく。（0●――○4）
端(はし)の数をふくむ場合は•，ふくまない場合は◦を使って表す。

**2 比例** 教 p.130～p.133，p.136～p.141

・比例…変数 $x$ と $y$ の関係が［$y=ax$］の式で表される。　※ $a$ を［比例定数］という。

・$y$ が $x$ に比例するとき，$x$ の値が2倍，3倍，4倍，…になると，対応する $y$ の値も［2倍，3倍，4倍，…］になる。

・比例のグラフは，［原点］を通る［直線］である。

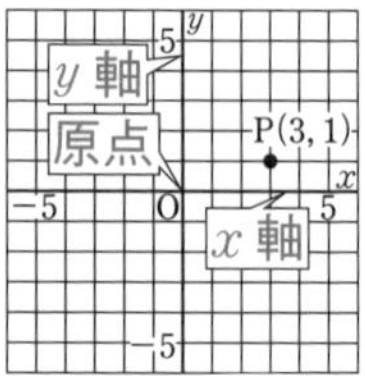

（図：$y$ 軸，原点，P(3, 1)，$x$ 軸，$-5$，O，5，$-5$，5）

**3 座標** 教 p.134～p.135

・$x$ 軸(じく)と $y$ 軸を合わせて［座標軸］という。

・座標は，(○，□)と表す。　例 P(3,　1)　……点Pは原点Oから右に3，上に1進んだところにある。
（3：$x$ 座標，1：$y$ 座標）

### スピード確認（□に入るものを答えよう。答えは，下にあります。）

**2**

□ 空(から)の水そうに毎秒0.3Lの割合で水を入れるとき，水を入れる時間 $x$ の値を決めると，水そうの中の水の量 $y$ の値がただ1つ決まるので，$y$ は $x$ の［①］である。このとき，水を入れ始めてから $x$ 秒後の水そうの中の水の量を $y$ L とすると，$y=$［②］と表されるから，$y$ は $x$ に［③］するといえる。

★「$y=ax$」の式で表されるとき，「比例する」という。

□ $x$ の変域が $-2$ 以上5以下のとき，不等号を使って，$-2$［④］$x$［⑤］5 と表す。また，$x$ の変域が $-3$ より大きく1より小さいとき，$-3$［⑥］$x$［⑦］1 と表す。

★「$a \leqq$○，○$\geqq a$」は，$a$ が○をふくむ。「$a<$○，○$>a$」は，$a$ が○をふくまない。

**3**

□ 右の図の点Aの $x$ 座標は［⑧］で $y$ 座標は［⑨］だから，A(［⑧］，［⑨］)と表す。

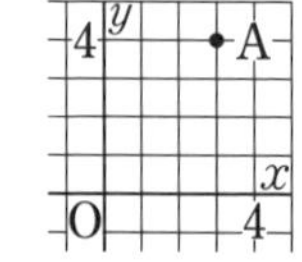


①＿＿＿
②＿＿＿
③＿＿＿
④＿＿＿
⑤＿＿＿
⑥＿＿＿
⑦＿＿＿
⑧＿＿＿
⑨＿＿＿

答　①関数　②$0.3x$　③比例　④≦　⑤≦　⑥<　⑦<　⑧3　⑨4

解答 p.11

## 基礎力UP テスト対策問題

**1** 変域　$x$ の変域が次のとき，その変域を不等号を使って表しなさい。

(1)　$-4$ 以上 3 以下　　　　(2)　0 より大きく 7 未満

**2** 比例　次の(1)，(2)について，$y$ を $x$ の式で表し，比例定数を答えなさい。

(1)　1 本 80 円の鉛筆を $x$ 本買ったときの代金を $y$ 円とする。

(2)　1 辺が $x$ cm の正三角形の周の長さを $y$ cm とする。

**3** 座標　右の図の点 A，B，C，D の座標を答えなさい。

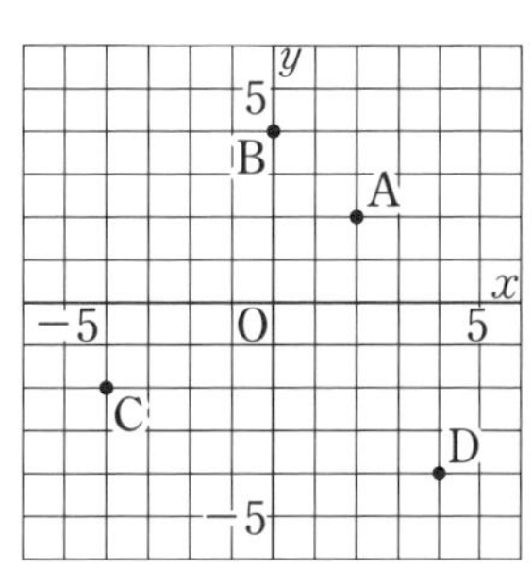


**4** 座標　次の点の位置を，右の座標平面上に示しなさい。

E(4,　5)　　　　F($-3$,　3)

G($-2$,　$-4$)　　H(3,　$-4$)

**5** 比例のグラフ　次の㋐，㋑のグラフを右の図にかきなさい。

㋐　$y=\frac{1}{3}x$　　　㋑　$y=-\frac{1}{3}x$

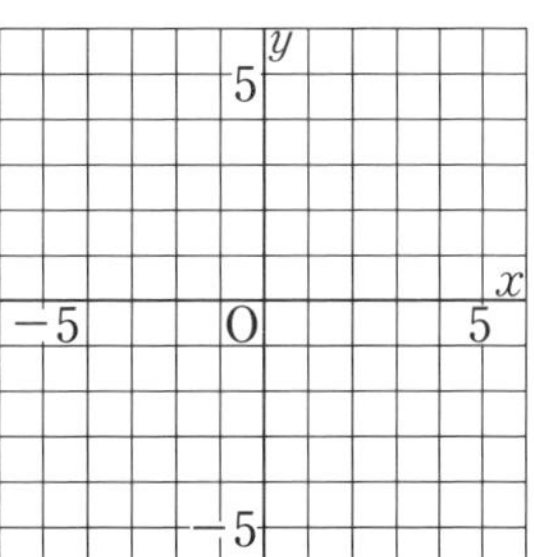


### テスト対策ナビ

**思い出そう！**

・$a$ が $b$ 以上
　…$a \geqq b$
・$a$ が $b$ より大きい
　…$a > b$
・$a$ が $b$ 以下
　…$a \leqq b$
・$a$ が $b$ より小さい
　（$a$ が $b$ 未満）
　…$a < b$

座標軸のかかれている平面を「座標平面」というよ。

**絶対に覚える！**

$y=ax$ のグラフは

■ $a>0$ のとき
　右上がりの直線

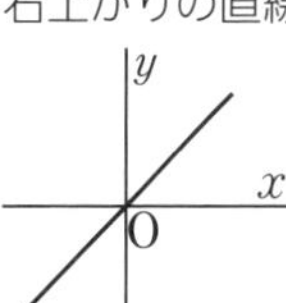


■ $a<0$ のとき
　右下がりの直線

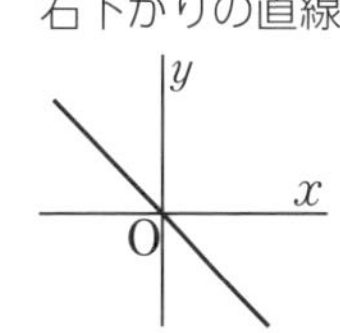

テストに出る！

# 予想問題 ①　4章 量の変化と比例，反比例　1節 量の変化　2節 比例 (1)

🕓20分　/12問中

**1** よく出る　関数　次の㋐～㋔のうち，$y$ が $x$ の関数であるものを選び，記号で答えなさい。

㋐　底辺が 5 cm，高さが $x$ cm の三角形の面積を $y$ cm$^2$ とする。

㋑　1 辺が $x$ cm の正方形の面積を $y$ cm$^2$ とする。

㋒　1 辺が $x$ cm のひし形の周の長さを $y$ cm とする。

㋓　身長 $x$ cm の人の体重を $y$ kg とする。

㋔　半径 $x$ cm の円の面積を $y$ cm$^2$ とする。

**2** よく出る　変域　$x$ の変域が次のとき，その変域を不等号を使って表しなさい。

(1)　$-2$ より大きく 5 より小さい　　(2)　$-6$ 以上 4 未満

**3** ともなって変わる 2 つの量

右の表は，縦が 6 cm，横が $x$ cm の長方形の面積を $y$ cm$^2$ としたときの $x$ と $y$ の関係を表したものです。

| $x$ | 0 | 3 | 6 | 9 | 12 | 15 | … |
|---|---|---|---|---|---|---|---|
| $y$ | 0 | 18 | 36 | ① | ② | ③ | … |

(1)　表の①～③にあてはまる数を求めなさい。

(2)　$x$ の値が 2 倍，3 倍，4 倍になると，対応する $y$ の値はどのようになりますか。

(3)　$y$ を $x$ の式で表しなさい。

(4)　$y$ は $x$ に比例するといえますか。

**4** よく出る　比例する量　次の(1)～(3)について，$y$ を $x$ の式で表し，その比例定数を答えなさい。

(1)　縦が $x$ cm，横が 8 cm の長方形の面積を $y$ cm$^2$ とする。

(2)　1 m の値段が 45 円の針金を $x$ m 買ったときの代金を $y$ 円とする。

(3)　分速 70 m で $x$ 分間歩いたときに進んだ道のりを $y$ m とする。

**4** 比例では，$x \neq 0$ のとき，$\frac{y}{x}$ の値は一定で，比例定数 $a$ に等しい。

テストに出る！

# 予想問題 ②

## 4章 量の変化と比例，反比例
## 2節 比例 (1)

20分　/16問中

**1** ともなって変わる2つの量　西から東のほうへ向かうハイキングコースを秒速2 m で歩いている人がいます。このコース中のA地点を通過してから $x$ 秒後には，A 地点から東のほうへ $y$ m 進んだ地点にいます。

(1) 3秒後のときの $y$ の値を求めなさい。

(2) $y$ を $x$ の式で表しなさい。

(3) $y$ は $x$ に比例するといえますか。

(4) B 地点はA地点から東のほうへ 800 m 進んだ地点です。B 地点を通過するのは，A 地点を通過してから何分何秒後ですか。

**2** よく出る　座標　次の(1)，(2)に答えなさい。

(1) 右の図の点 A，B，C，D の座標を答えなさい。

(2) 次の点の位置を，右の座標平面上に示しなさい。
E(6, 2)　　F(−3, 7)
G(−2, 0)　　H(7, −4)

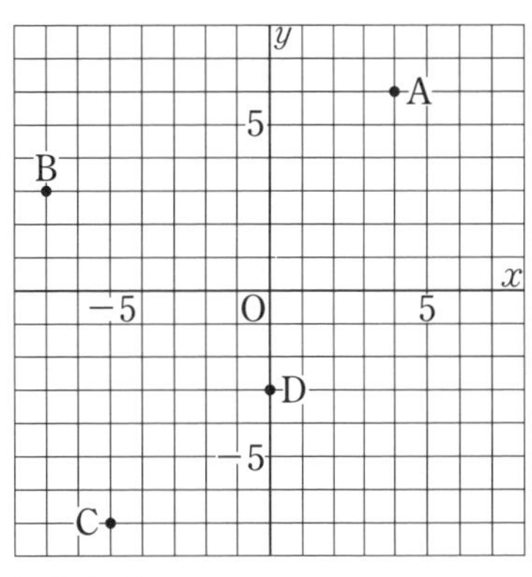


**3** よく出る　比例のグラフ　次の(1)〜(4)のグラフを下の図にかきなさい。

(1) $y=\frac{2}{5}x$　　(2) $y=-\frac{3}{4}x$　　(3) $y=\frac{3}{2}x$　　(4) $y=-\frac{1}{4}x$

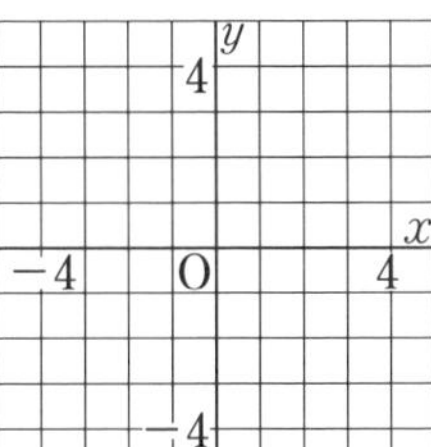

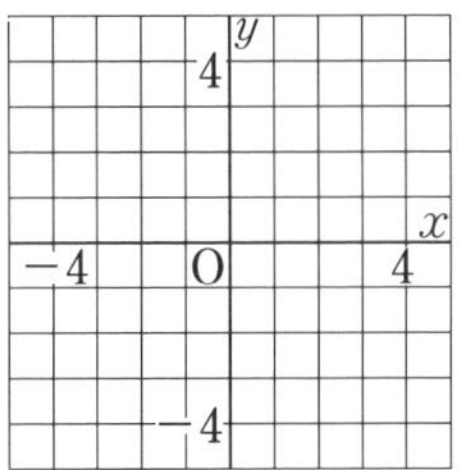

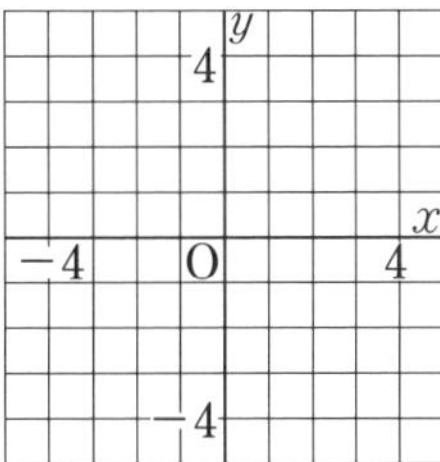

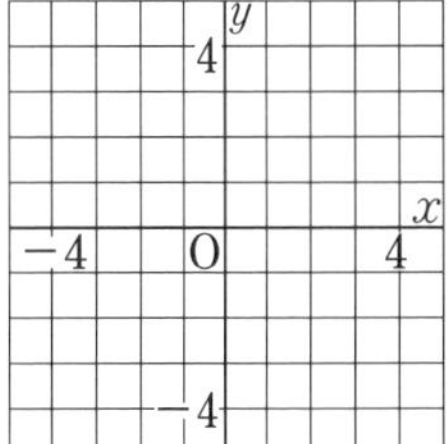

**2** $x$ 軸上の点 → $y$ 座標が0　　$y$ 軸上の点 → $x$ 座標が0

**3** 座標平面上にとる点の座標が整数になるように選ぶとよい。

# 2節 比例(2) 3節 反比例 4節 関数の利用

テストに出る！ 教科書のココが要点

## さらっとまとめ（赤シートを使って，□に入るものを考えよう。）

### 1 反比例 教 p.145～p.151

・反比例…変数 $x$ と $y$ の関係が $y=\frac{a}{x}$ の式で表される。 ※ $a$ を 比例定数 という。

・$y$ が $x$ に反比例するとき，$x$ の値が2倍，3倍，4倍，…になると，対応する $y$ の値は $\frac{1}{2}$ 倍，$\frac{1}{3}$ 倍，$\frac{1}{4}$ 倍，… になる。

・反比例のグラフ（1組の曲線）を 双曲線（そうきょくせん） という。

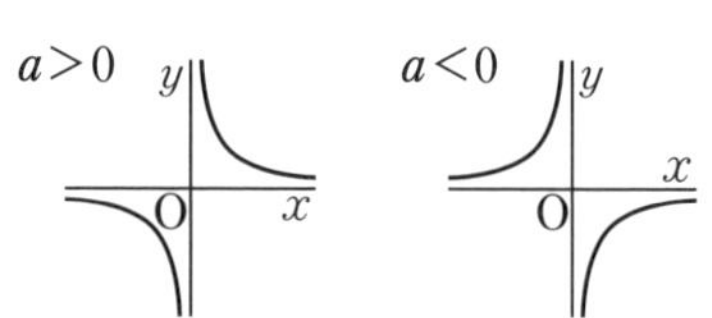


※「$y=\frac{a}{x}$」のグラフは，

「右上と左下」または「左上と右下」の部分にかく。

## スピード確認（□に入るものを答えよう。答えは，下にあります。）

1

□ 面積が20 cm² の長方形の縦の長さを $x$ cm，横の長さを $y$ cm とすると，$x$ と $y$ の関係は，$xy=$ ① だから，$y=$ ② と表される。

このように，$y=\frac{a}{x}$ の式で表されるとき，$y$ は $x$ に ③ するという。

★「$y=\frac{a}{x}$」の式で表されるとき，「反比例する」という。

□ $y=\frac{6}{x}$ のグラフは，(6，1)，(3，2)，(2，3)，(1，6) のように多くの点をとって，なめらかな曲線で結んだ ④ だから，右の図の㋐，㋑のうち，⑤ のグラフになる。

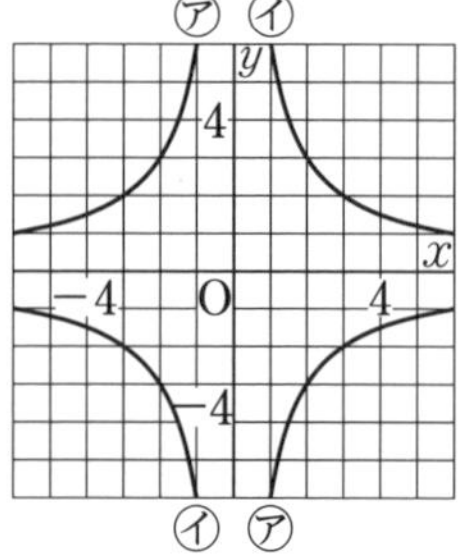


□ $y=\frac{a}{x}$ のグラフは，比例定数が負の数のとき，$x>0$ の範囲内で，$x$ の値が増加すると，対応する $y$ の値は ⑥ し，$x<0$ の範囲内でも，$x$ の値が増加すると，対応する $y$ の値は ⑦ する。

①
②
③
④
⑤
⑥
⑦

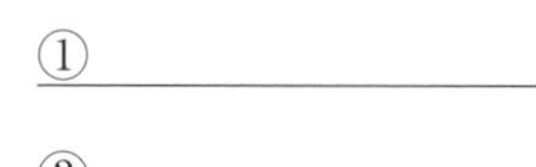

答 ①20 ②$\frac{20}{x}$ ③反比例 ④双曲線 ⑤㋑ ⑥増加 ⑦増加

解答 p.13

## 基礎力UP テスト対策問題

**1** 条件から比例の式を求める　次の(1)，(2)に答えなさい。

(1) $y$ は $x$ に比例し，$x=3$ のとき $y=6$ です。

① $y$ を $x$ の式で表しなさい。

② $x=-5$ のときの $y$ の値を求めなさい。

(2) $y$ は $x$ に比例し，$x=6$ のとき $y=-24$ です。

① $y$ を $x$ の式で表しなさい。

② $x=-5$ のときの $y$ の値を求めなさい。

**2** グラフから比例の式を求める　グラフが右の直線であるとき，$x$ と $y$ の関係を表す式を求めなさい。

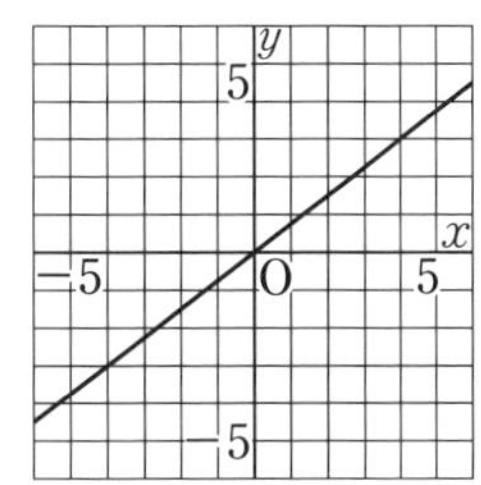


**3** 反比例　次の(1)〜(3)に答えなさい。

(1) 40 L 入る水そうに，毎分 $x$ L の割合で水を入れると，$y$ 分でいっぱいになります。$y$ を $x$ の式で表しなさい。

(2) $y=-\dfrac{3}{x}$ のグラフを右の図にかきなさい。

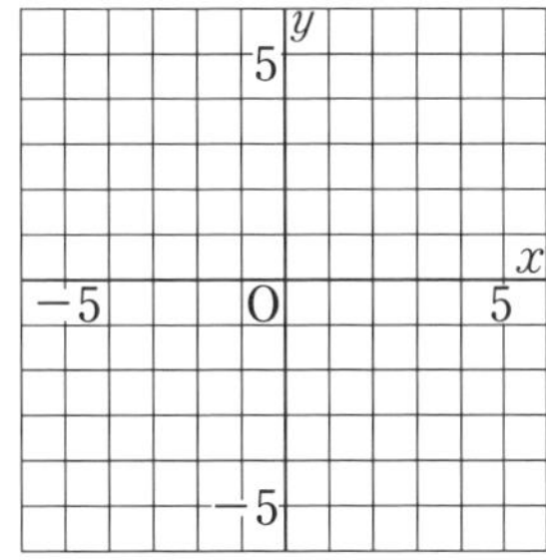


(3) $y$ は $x$ に反比例し，$x=4$ のとき $y=-3$ です。$x$ と $y$ の関係を表す式を求めなさい。

テスト対策ナビ

**ポイント**

**比例の式の求め方**
「$y$ が $x$ に比例する」
⇒$y=ax$ と表されることを使う。
→$y=ax$ に $x$ と $y$ の値を代入して，比例定数 $a$ の値を求める。

グラフから，通る点の座標を読み取るんだね。

**ポイント**

**反比例の式の求め方**
「$y$ が $x$ に反比例する」
⇒$y=\dfrac{a}{x}$ と表されることを使う。
→$y=\dfrac{a}{x}$ に $x$ と $y$ の値を代入して，比例定数 $a$ の値を求める。
また，$xy=a$ として，$a$ の値を求めてもよい。

テストに出る！

# 予想問題 ① 4章 量の変化と比例，反比例 2節 比例 (2)　3節 反比例

20分

/9問中

**1** よく出る　条件から比例の式を求める　次の(1)～(4)に答えなさい。

(1)　$y$ は $x$ に比例し，比例定数は4です。$x$ と $y$ の関係を表す式を求めなさい。

(2)　$y$ は $x$ に比例し，$x=-4$ のとき $y=20$ です。$x$ と $y$ の関係を表す式を求めなさい。

(3)　$y$ は $x$ に比例し，$x=6$ のとき $y=9$ です。$x=-4$ のときの $y$ の値を求めなさい。

(4)　$y$ は $x$ に比例し，$x=2$ のとき $y=12$ です。$y=-8$ となる $x$ の値を求めなさい。

**2** グラフから比例の式を求める　グラフが右の(1)，(2)の直線であるとき，$x$ と $y$ の関係を表す式をそれぞれ求めなさい。

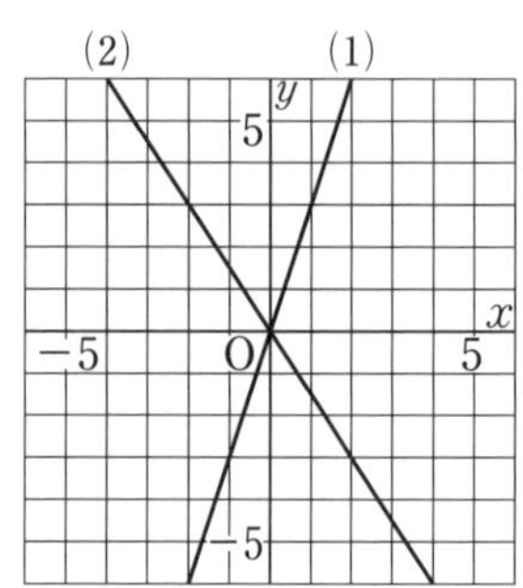


**3** 反比例する量　1日に0.6 L ずつ使うと，35日間使えるだけの灯油(とうゆ)があります。これを1日に $x$ L ずつ使うと $y$ 日間使えるとして，次の(1)～(3)に答えなさい。

(1)　$y$ を $x$ の式で表しなさい。

(2)　1日0.5 L ずつ使うとすると，何日間使えますか。

(3)　28日間でちょうど使い終わるには，1日に何Lずつ使えばよいですか。

**2** グラフから，式を求めるときは，$x$ 座標，$y$ 座標がともに整数である点の座標を読み取るとよい。

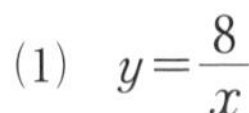


# 予想問題 ②　4章 量の変化と比例，反比例　3節 反比例　4節 関数の利用

20分　/10問中

**1** よく出る　反比例のグラフ　次の(1)，(2)のグラフを下の図にかきなさい。

(1) $y=\dfrac{8}{x}$

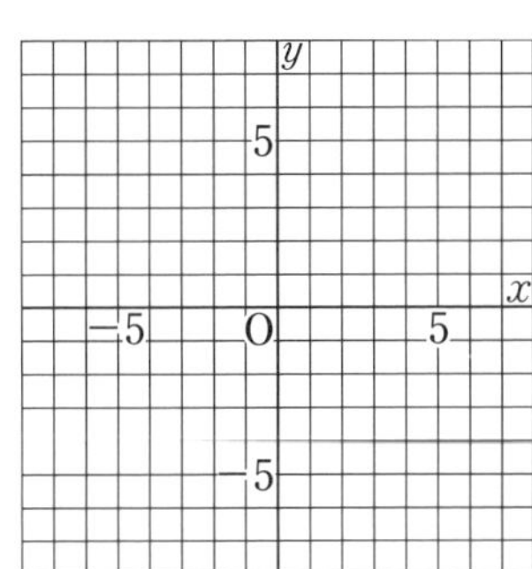

(2) $y=-\dfrac{8}{x}$

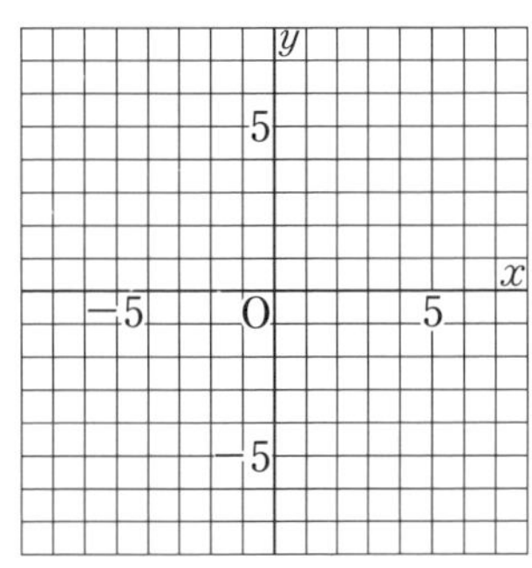

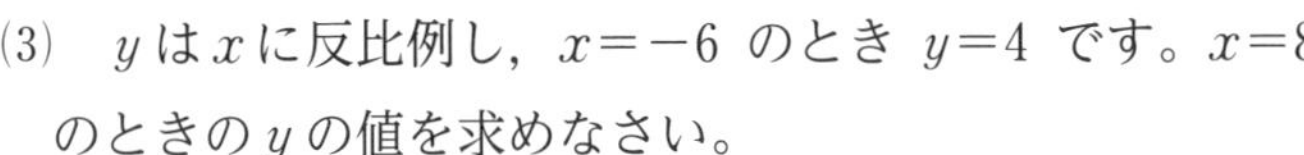

**2** よく出る　反比例の式の求め方　次の(1)～(4)に答えなさい。

(1) $y$ は $x$ に反比例し，比例定数は $-20$ です。$x$ と $y$ の関係を表す式を求めなさい。

(2) $y$ は $x$ に反比例し，$x=-3$ のとき $y=-5$ です。$x$ と $y$ の関係を表す式を求めなさい。

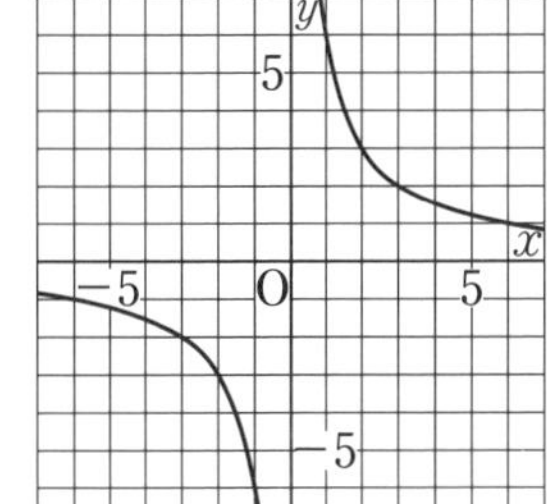

(3) $y$ は $x$ に反比例し，$x=-6$ のとき $y=4$ です。$x=8$ のときの $y$ の値を求めなさい。

(4) グラフが右の双曲線であるとき，$y$ を $x$ の式で表しなさい。

**3** 関数の利用　右の図のような三角形 ABC があります。点 P は辺 BC 上を B から C まで動きます。BP の長さが $x$ cm のときの三角形 ABP の面積を $y$ cm$^2$ として，次の(1)～(3)に答えなさい。

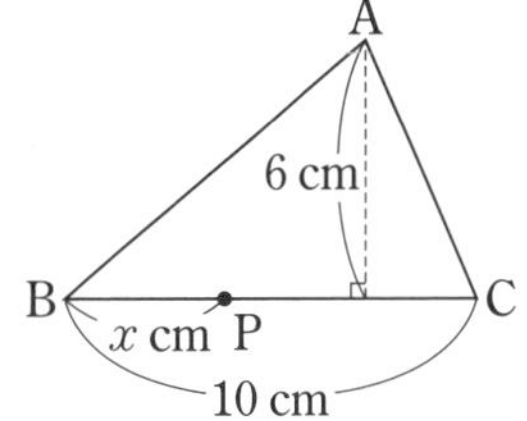


(1) $y$ を $x$ の式で表しなさい。

(2) $x$ と $y$ の変域をそれぞれ求めなさい。

(3) 三角形 ABP の面積が 18 cm$^2$ になるのは，BP の長さが何 cm のときですか。

**2** 反比例の式は，対応する1組の $x$，$y$ の値を $y=\dfrac{a}{x}$ または $xy=a$ に代入して，$a$ の値を求める。

テストに出る！

# 章末予想問題　4章 量の変化と比例，反比例

30分　/100点

**1** 次の(1)～(3)について，$y$ を $x$ の式で表し，$y$ が $x$ に比例するものには○，反比例するものには△，どちらでもないものには×をつけなさい。　4点×6〔24点〕

(1) ある針金の 1 m あたりの重さが 20 g のとき，この針金 $x$ g の長さは $y$ m である。

(2) 50 cm のひもから $x$ cm のひもを 3 本切り取ったら，残りの長さは $y$ cm である。

(3) 1 m あたりの値段が $x$ 円のリボンを買うとき，300 円で買える長さは $y$ m である。

**2** 次の(1)，(2)に答えなさい。　8点×2〔16点〕

(1) $y$ は $x$ に比例し，$x=-12$ のとき $y=-8$ です。$x=4.5$ のときの $y$ の値を求めなさい。

(2) $y$ は $x$ に反比例し，$x=8$ のとき $y=-3$ です。$x=-2$ のときの $y$ の値を求めなさい。

**3** 次のグラフをかきなさい。　9点×2〔18点〕

(1) $y=-\dfrac{4}{3}x$

(2) $y=-\dfrac{18}{x}$

**4** 差がつく　歯数 40 の歯車が 1 分間に 18 回転しています。これにかみ合う歯車の歯数を $x$，1 分間の回転数を $y$ として，次の(1)～(3)に答えなさい。　6点×3〔18点〕

(1) $y$ を $x$ の式で表しなさい。

(2) かみ合う歯車の歯数が 36 のとき，その歯車の 1 分間の回転数を求めなさい。

(3) かみ合う歯車を 1 分間に 15 回転させるためには，歯数をいくつにすればよいですか。

解答 p.14

**満点ゲット作戦**
比例と反比例の式の求め方とグラフの形やかき方を覚えよう。また，求めた式が比例か反比例かは，式の形で判断しよう。

ココが要点を再確認 もう一歩 合格
0 70 85 100点

**5** 姉と妹が同時に家を出発し，家から 1800 m 離れた図書館に行きます。姉は分速 200 m，妹は分速 150 m で自転車に乗って行きます。 8点×3〔24点〕

(1) 家を出発してから $x$ 分後に，家から $y$ m 離れたところにいるとして，姉と妹が進むようすを表すグラフをかきなさい。

(2) 姉と妹が 300 m 離れるのは，家を出発してから何分後ですか。

(3) 姉が図書館に着いたとき，妹は図書館まであと何 m のところにいますか。

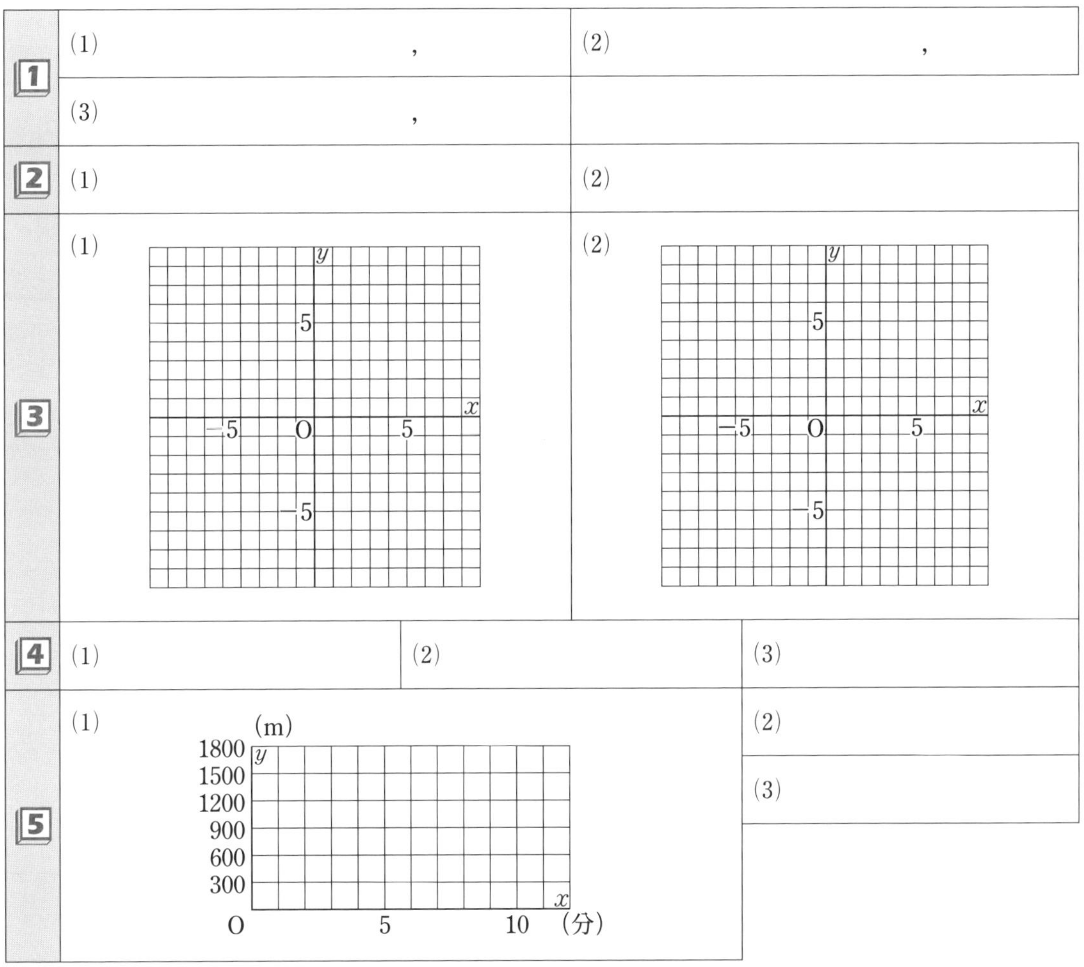


| 1 | /24点 | 2 | /16点 | 3 | /18点 | 4 | /18点 | 5 | /24点 |
|---|---|---|---|---|---|---|---|---|---|

# 1節 平面図形とその調べ方

## テストに出る! 教科書のココが要点

### さらっとまとめ（赤シートを使って，□に入るものを考えよう。）

**1 直線，半直線，線分** 教 p.166～p.167

・直線 AB　半直線 AB　線分 AB

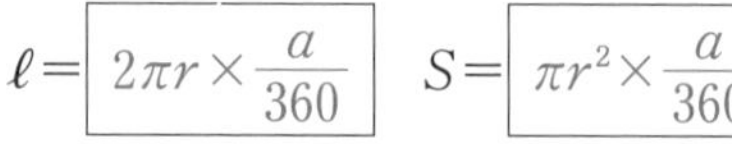

**2 円と直線** 教 p.172～p.173

・円周上の2点A，Bを両端とする部分が［弧AB］で，［$\overset{\frown}{AB}$］と表す。
・円周上の2点を結ぶ線分が［弦］で，両端がA，Bである弦を［弦AB］という。
・円と直線とが1点で交わるとき，円と直線とは［接する］といい，この直線を円の［接線］，交わる点を［接点］という。
・円の接線は，その接点を通る半径に［垂直］である。OP⊥$\ell$

**3 おうぎ形** 教 p.174～p.177

・弧の両端を通る2つの半径とその弧で囲まれた図形を［おうぎ形］といい，その2つの半径のつくる角（∠AOB）を$\overset{\frown}{AB}$に対する［中心角］または，おうぎ形OABの中心角という。
・半径$r$，中心角$a°$のおうぎ形の弧の長さ$\ell$と面積$S$

$\ell=$［$2\pi r\times\frac{a}{360}$］　$S=$［$\pi r^2\times\frac{a}{360}$］

※1つの円では，おうぎ形の弧の長さや面積は，中心角の大きさに［比例］する。

### スピード確認（□に入るものを答えよう。答えは，下にあります。）

**2**
□ 右の図で，円周のAからBまでの部分を［①］といい，記号で書くと，［②］となる。
□ 右の図で，線分ABを［③］という。
□ 円の中心Oを通る弦の長さは，この円の［④］を表している。

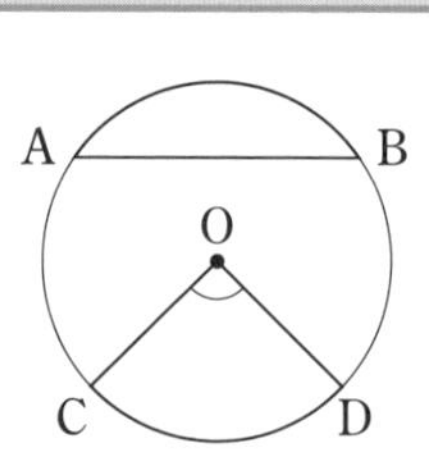


**3**
□ 半径10 cm，中心角144°のおうぎ形の弧の長さは，

$2\pi\times10\times\frac{⑤}{360}=$［⑥］(cm)

★$2\pi r\times\frac{a}{360}$に，$r=10$，$a=144$を代入する。

□ 半径10 cm，中心角144°のおうぎ形の面積は，

$\pi\times10^2\times\frac{⑦}{360}=$［⑧］(cm$^2$)

★$\pi r^2\times\frac{a}{360}$に，$r=10$，$a=144$を代入する。

①＿＿＿
②＿＿＿
③＿＿＿
④＿＿＿
⑤＿＿＿
⑥＿＿＿
⑦＿＿＿
⑧＿＿＿

答 ①弧AB（弧）②$\overset{\frown}{AB}$ ③弦AB（弦）④直径 ⑤144 ⑥$8\pi$ ⑦144 ⑧$40\pi$

解答 p.15

## 基礎力UP テスト対策問題

**1** 円とおうぎ形　右の図について，次の(1)～(5)に答えなさい。

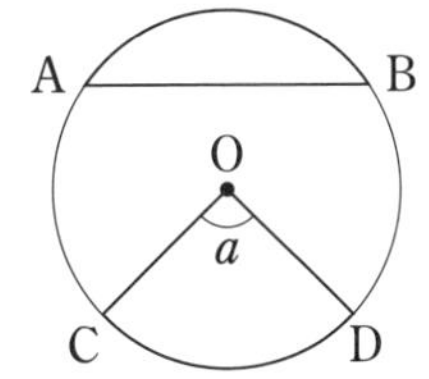


(1) 円周上の2点A，Bを両端とする部分を記号で表しなさい。

(2) 線分ABを何といいますか。

(3) $\angle a$をC，D，Oを使って表しなさい。また，$\angle a$が60°のとき，どう表しますか。

(4) 円周上の点Dを通る接線$\ell$をひいたとき，半径ODと接線$\ell$の関係はどうなりますか。

(5) 中心Oを通る弦の長さは，この円の何を表していますか。

**2** おうぎ形　右のおうぎ形について，次の問いに答えなさい。

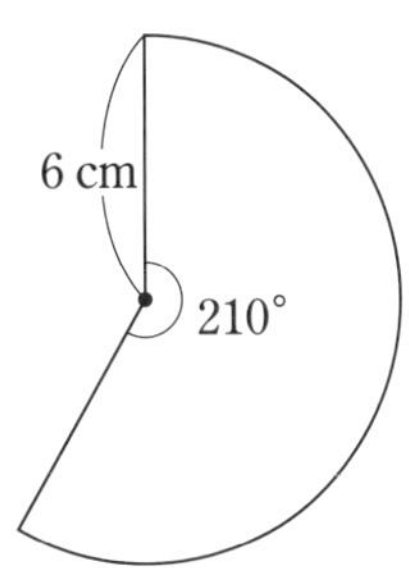


(1) このおうぎ形の弧の長さは，半径6 cmの円周の長さの何倍ですか。

(2) このおうぎ形の弧の長さを求めなさい。

(3) このおうぎ形の面積を求めなさい。

**3** おうぎ形　半径12 cm，弧の長さ$16\pi$ cmのおうぎ形の中心角と面積を求めなさい。

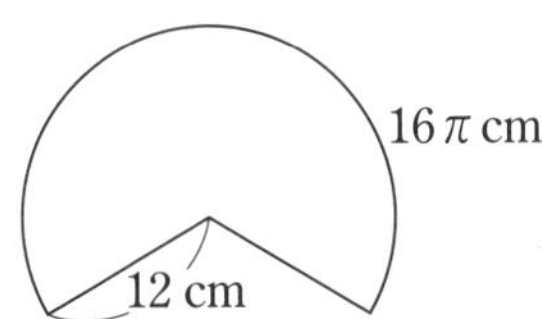


### テスト対策★ナビ

**絶対に覚える!**

図形の用語や記号
三角形ABC
…△ABC
長さが等しい…＝
平行…//
垂直…⊥
角AOB…∠AOB

**ポイント**

円周率$\pi$

$\dfrac{円周}{直径}$を円周率$\pi$（パイ）という。$\pi$は，決まった数を表す文字なので，積の中では，数のあと，ほかの文字の前に書く。

1つの円では，おうぎ形の弧の長さや面積が，中心角の大きさで決まるんだね。

テストに出る！ 予想問題　5章 平面の図形
# 1節 平面図形とその調べ方

🕓20分　/14問中

**1** 図形の基礎　右の図は，点A，Bを中心とし，半径が等しい2つの円の交点をP，Qとしたものです。

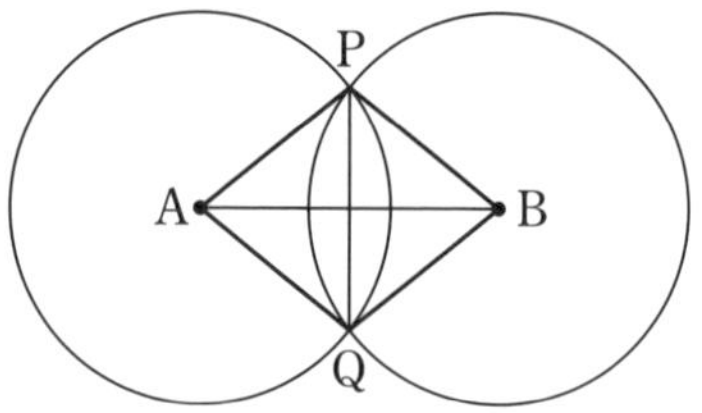


(1) 線分APと長さが等しい線分を3つ答えなさい。

(2) ABとPQの交点をMとするとき，次の□にあてはまる記号や文字，数を答えなさい。

PM①□QM，PQ②□AB，AM=③□，∠BMP=④□

**2** よく出る　おうぎ形　次のおうぎ形の弧の長さと面積を求めなさい。

(1) 半径が8 cm，中心角が60°

(2) 半径が30 cm，中心角が300°

(3) 半径が6 cm，中心角が225°

**3** おうぎ形　半径20 cm，弧の長さ32π cmのおうぎ形の中心角と面積を求めなさい。

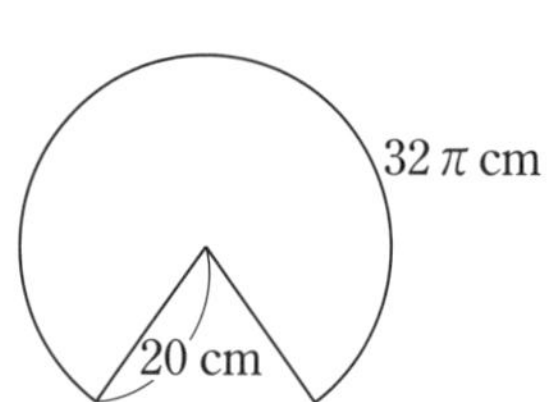


**4** おうぎ形　面積が同じで形のちがう2つのおうぎ形を作ります。1つ目のおうぎ形は，半径6 cm，中心角180°で作りました。2つ目は半径を9 cmにします。中心角は何度にすればよいか求めなさい。

**2** 半径$r$，中心角$a$°のおうぎ形では，弧の長さ $\ell=2\pi r\times\frac{a}{360}$，面積 $S=\pi r^2\times\frac{a}{360}$

# 2節 図形と作図 3節 図形の移動

## テストに出る！ 教科書のココが要点

### さらっとまとめ（赤シートを使って，□に入るものを考えよう。）

**1 基本の作図** 教 p.180～p.185

・垂直二等分線

1 2
A B
3

・角の二等分線

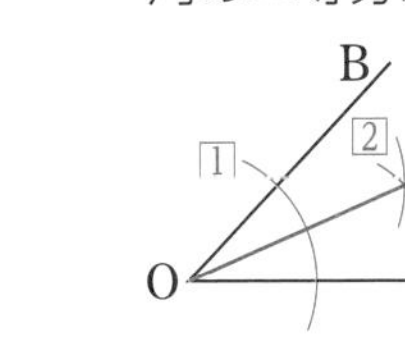


・垂線①

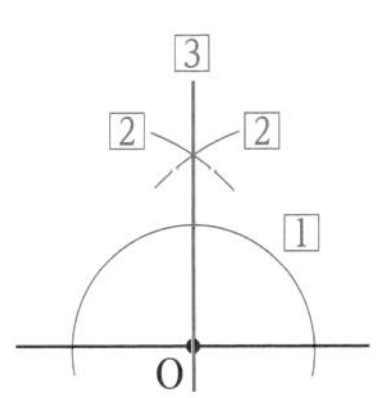


・垂線②

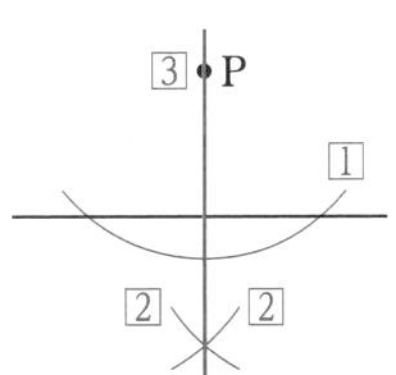


※作図は，定規とコンパスだけを使ってかく。

**2 いろいろな移動** 教 p.190～p.195

・平行移動

AA′ ＝ BB′ ＝ CC′

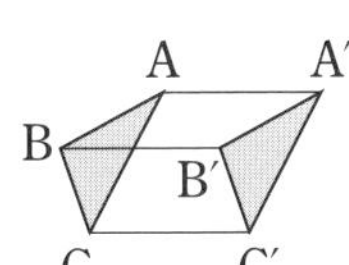


・回転移動

∠AOA′
＝ ∠BOB′
＝ ∠COC′

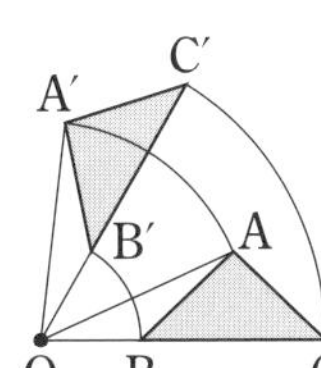


・対称移動

AM ＝ A′M＝$\frac{1}{2}$AA′

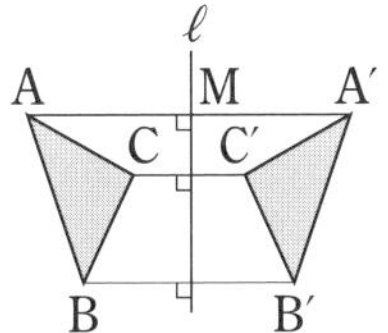


### スピード確認（□に入るものを答えよう。答えは，下にあります。）

2

□ 図形をある方向に，一定の長さだけずらす移動を ① 移動という。
平行移動では，対応する辺は平行になり，対応する点を結ぶ線分はどれも ② で，その長さは等しい。

□ 図形をある定まった点Oを中心として，一定の角度だけ回す移動を ③ 移動といい，この点Oを回転の ④ という。
回転移動では，回転の中心は対応する2点から等しい距離(きょり)にあり，対応する2点と回転の中心を結んでできる角はすべて ⑤ 。

□ 図形をある定まった直線$\ell$を軸(じく)として裏返す移動を ⑥ 移動といい，この直線$\ell$を ⑦ という。
対称移動では，対応する点を結ぶ線分と ⑦ は ⑧ になり，その交点から対応する点までの距離は ⑨ 。

①
②
③
④
⑤
⑥
⑦
⑧
⑨

答 ①平行 ②平行 ③回転 ④中心 ⑤等しい ⑥対称 ⑦対称軸 ⑧垂直 ⑨等しい

解答 p.15

## 基礎力UP テスト対策問題

**1** 基本の作図　下の図の △ABC に，次の作図をしなさい。

(1) 辺 AB の垂直二等分線　　(2) 頂点Cから辺 AB への垂線

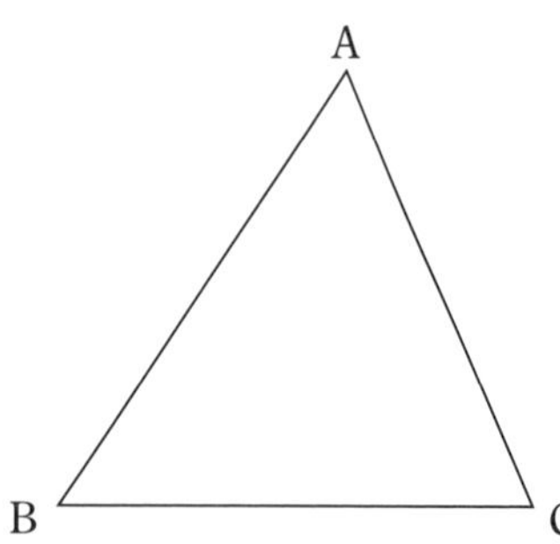


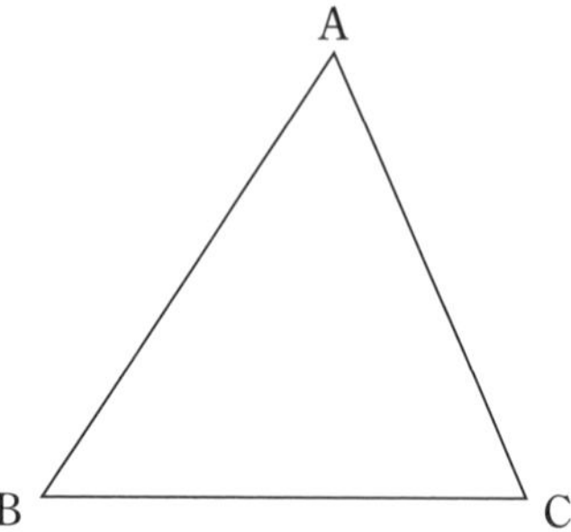


**2** いろいろな作図　次の作図をしなさい。

(1) 円Oの周上にある点Aを通る接線

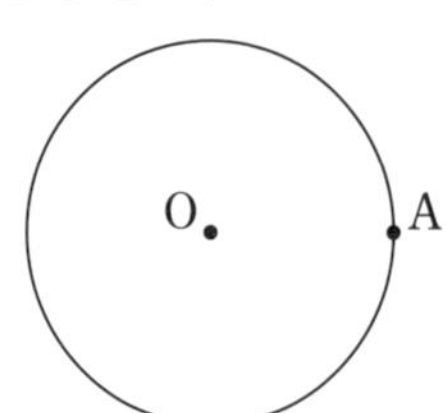


(2) 点Oを中心とし，直線 $\ell$ に接する円

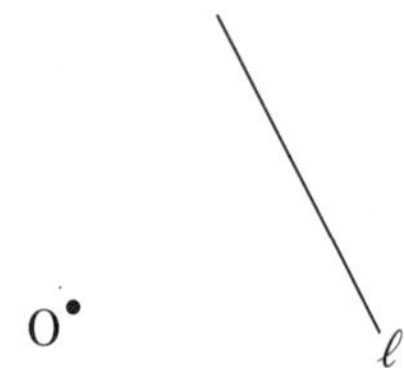


**3** 図形の移動　次の図形をかきなさい。

(1) 次の △ABC を，矢印の方向に矢印の長さだけ平行移動させた △A′B′C′

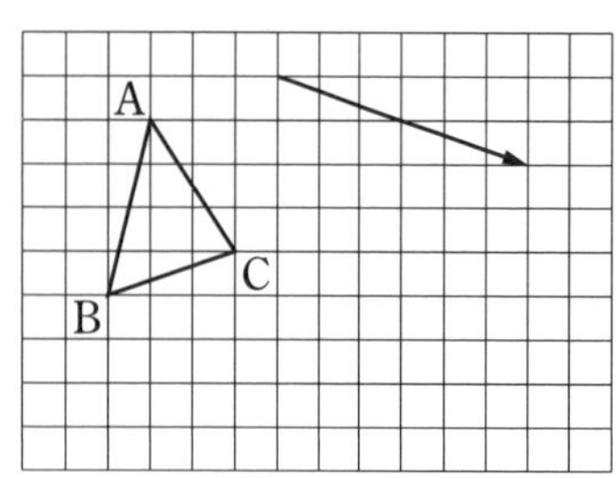


(2) 点Oを中心として 180° 回転移動させた図形

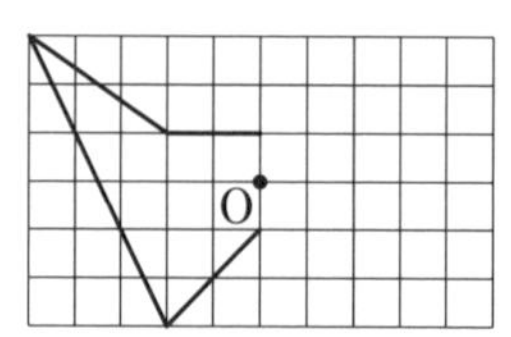


(3) 直線 $\ell$ を対称軸として対称移動させた図形

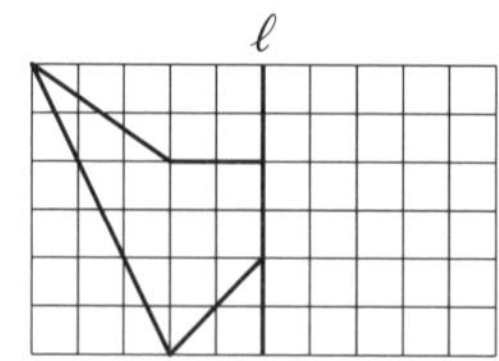


テスト対策ナビ

作図をするときは，垂直二等分線，角の二等分線のひき方や垂線のひき方を組み合わせて考えるよ。

**ポイント**

円の接線は，接点を通る半径に垂直であることを利用して，作図する。

まずは頂点がどう移動するかを考えよう。

テストに出る！
# 予想問題 ①
## 5章 平面の図形
## 2節 図形と作図

20分　/8問中

**1** 距離　右の図の点A～Fについて，答えなさい。

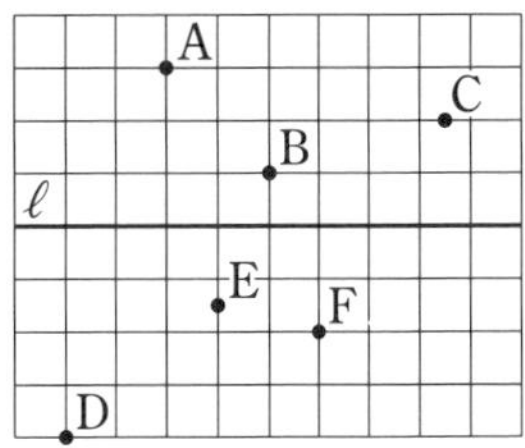


(1) 直線 $\ell$ までの距離が最も長いのはどの点ですか。

(2) 直線 $\ell$ までの距離が最も短いのはどの点ですか。

**2** よく出る　垂直二等分線の作図　次の作図をしなさい。

(1) 線分 AB の垂直二等分線

(2) 線分 AB を直径とする円

**3** よく出る　角の二等分線の作図　次の作図をしなさい。

(1) ∠AOB の二等分線

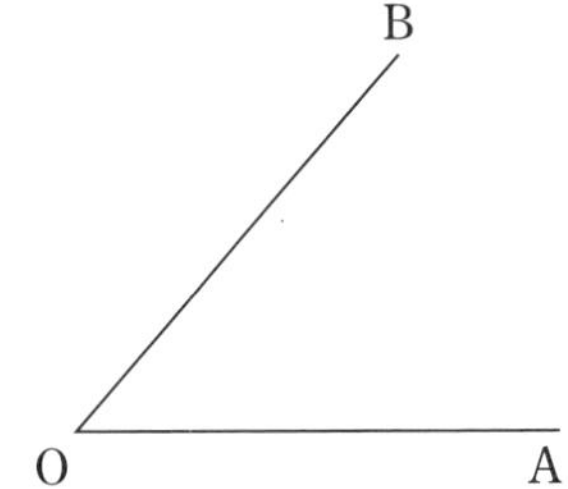


(2) 点Oを通る直線 AB の垂線

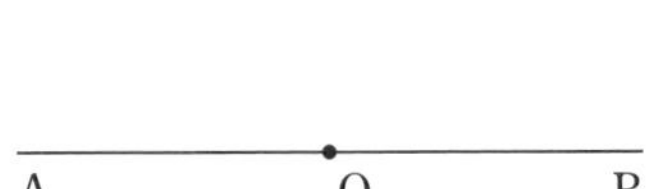


**4** よく出る　基本の作図　点Pから直線 $\ell$ への垂線を，次の図を利用して 2 通りの方法で作図しなさい。

(方法 1)　• P

(方法 2)　• P

**1** 距離は，ある点から直線 $\ell$ に垂線をひき，その垂線との交点までの長さになる。
**2** (2) まず，円の中心を作図によって求める。

 解答 p.16

テストに出る！

# 予想問題 ②

## 5章 平面の図形
## 2節 図形と作図

20分

/5問中

**1** いろいろな作図　次の △ABC に，(1)，(2)の作図をしなさい。

(1) 辺 BC を底辺とするときの高さを表す線分 AH

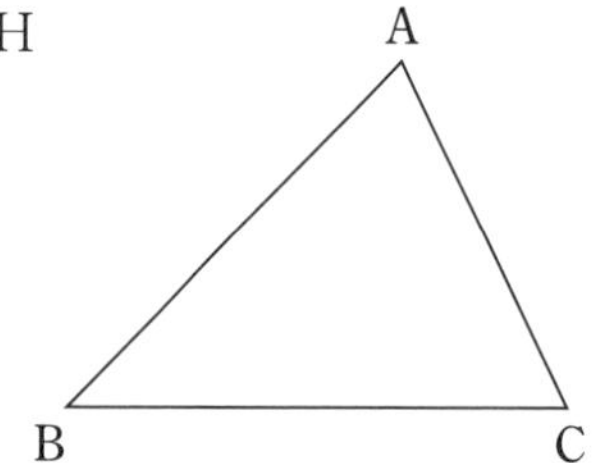


(2) 辺 BC 上にあって，辺 AB，AC までの距離が等しい点 P

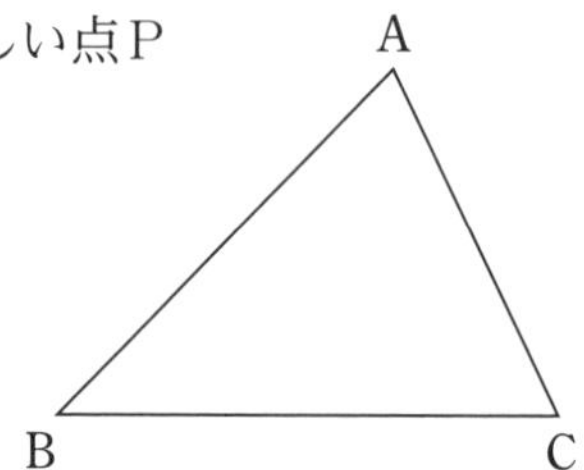


**2** 円と接線の作図　右の図で，点 P で直線 $\ell$ に接する円のうち，点 Q を通る円 O を作図しなさい。

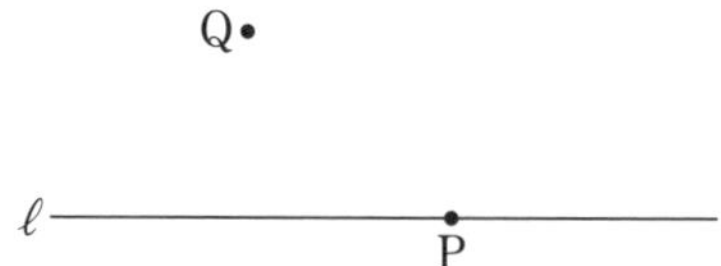


**3** いろいろな作図　次の作図をしなさい。

(1) 線分 AB を 1 辺とする正三角形 ABC と，∠PAB＝30° となる辺 BC 上の点 P

(2) 線分 AB の中点を O とするとき，∠AOP＝90° で AO＝PO となる △AOP と，∠BOQ＝135° となる辺 AP 上の点 Q

**1** (2) 辺 AB，AC までの距離が等しい点は，∠BAC の二等分線上にある。

**3** (1) ∠CAB＝60° だから，∠PAB は ∠CAB の二等分線を作図すればよい。

# テストに出る！ 予想問題 ③

## 5章 平面の図形 3節 図形の移動

🕒20分　/6問中

**1** よく出る 回転移動　右の△ABCを，点Oを中心として180°回転移動させた△A′B′C′をかきなさい。

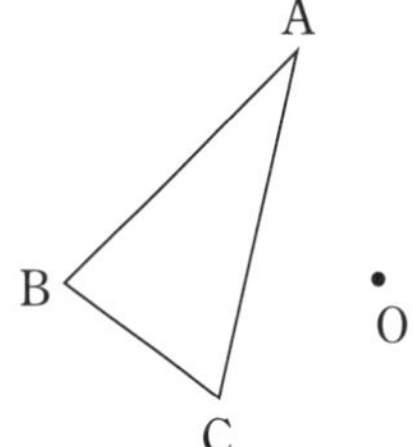

**2** よく出る 対称移動　次の図で，△ABCを直線$\ell$を対称軸として対称移動させた△A′B′C′をかきなさい。

(1)

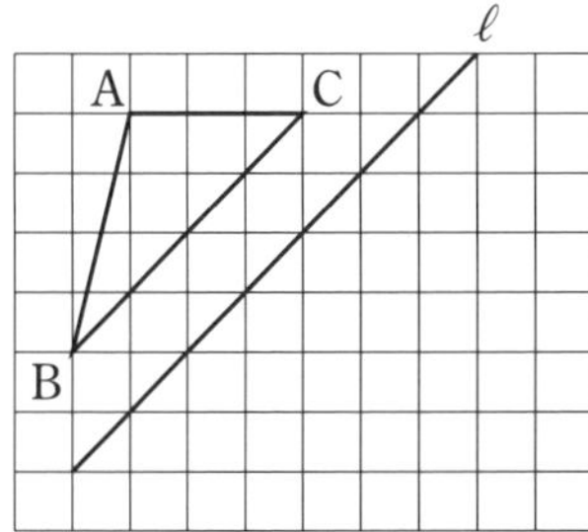


(2)

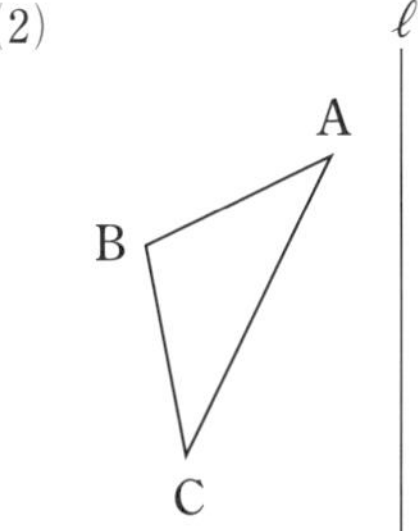


**3** 図形の移動　右の図は，△ABCを頂点Aが点Dに重なるまで平行移動させ，次に点Dを中心として反時計回りに90°回転移動させたものです。

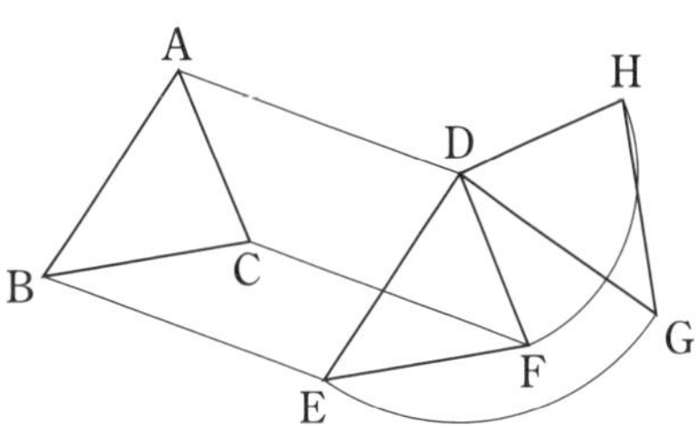


(1) 線分ADと平行な線分をすべて答えなさい。

(2) 図の中で，大きさが90°の角をすべて答えなさい。

(3) 辺ABと長さの等しい辺をすべて答えなさい。

**2** 三角形の各頂点から対称軸に垂線をひき，点から同じだけの距離を対称軸の反対側にとる。

**3** (2) 回転移動では，対応する2点と回転の中心を結んでできる角はすべて等しい。

テストに出る！

# 章末予想問題　5章 平面の図形

⏱ 30分

/100点

※作図の答えは，解答欄にかきなさい。

**1** 右のひし形 ABCD について，次の(1)～(4)に答えなさい。　6点×6〔36点〕

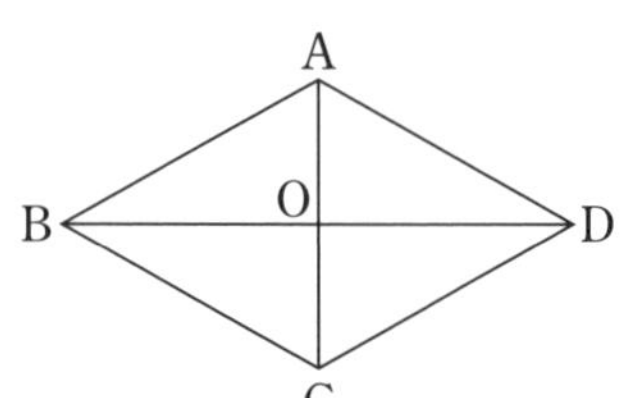


(1) 対角線 BD を対称軸とみた場合，辺 AB に対応する辺，∠BCD に対応する角をそれぞれ答えなさい。

(2) 点Oを回転の中心とみた場合，辺 AB に対応する辺，∠ACD に対応する角をそれぞれ答えなさい。

(3) ひし形の向かい合う辺が平行であることを，記号を使って表しなさい。

(4) △AOD を，点Oを回転の中心として回転移動させて △COB に重ね合わせるには，何度回転させればよいですか。

**2** 次の(1)，(2)に答えなさい。　6点×4〔24点〕

(1) 半径が 2 cm，中心角が 144° のおうぎ形の弧の長さと面積

(2) 半径が 8 cm，弧の長さが $12\pi$ cm のおうぎ形の中心角と面積

**3** 右の図1のような長方形 ABCD を，頂点Aと頂点Cが重なるように折り返したのが図2です。　10点×2〔20点〕

図1

A　D
B　C

図2

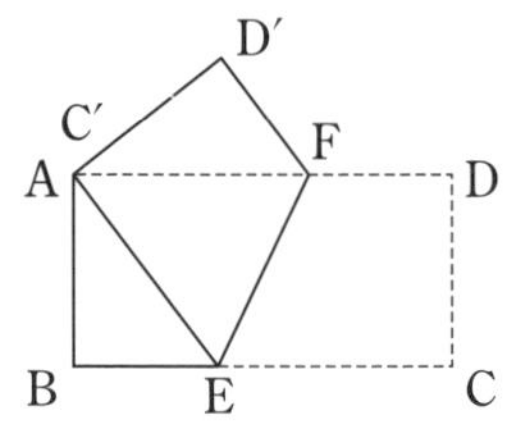


(1) ∠AEF＝63° のとき，∠AEB の大きさを求めなさい。

(2) 図2にある折り目の線分 EF を作図しなさい。

解答 p.16

**満点ゲット作戦**
いろいろな作図のしかたを身につけよう。垂直二等分線や角の二等分線の性質の使い分けができるようにしておこう。

**4** 次の作図をしなさい。 10点×2〔20点〕

(1) 下の図のような3点A，B，Cを通る円O

B•

A• •C

(2) 差がつく 円の中心が直線ℓ上にあって，2点A，Bを通る円O

A•

•B

ℓ

| | | |
|---|---|---|
| 1 | (1) 辺　　角 | |
| | (2) 辺　　角 | |
| | (3) | |
| | (4) | |
| 2 | (1) 弧の長さ / 面積 | |
| | (2) 中心角 / 面積 | (2) A D B C |
| 3 | (1) | |
| 4 | (1) B• A• •C | (2) A• •B ℓ |

| 1 | /36点 | 2 | /24点 | 3 | /20点 | 4 | /20点 |
|---|---|---|---|---|---|---|---|

# 6章 空間の図形

## 1節 空間にある立体　2節 空間にある図形

テストに出る！ 教科書のココが要点

### さらっとまとめ（赤シートを使って，□に入るものを考えよう。）

**1 いろいろな立体，正多面体** 教 p.204〜p.207

・いくつかの平面だけで囲まれた立体を，多面体という。

・角錐で，底の多角形の面を底面，まわりの三角形の面を側面という。
底面が三角形の角錐を三角錐，底面が正三角形である正角錐を正三角錐という。

・正多面体…すべての面が合同な正多角形で，頂点のまわりの面の数が同じ。5種類ある。

正四面体　正六面体（立方体）　正八面体　正十二面体　正二十面体

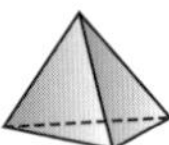
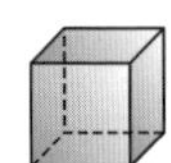
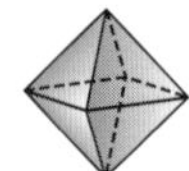
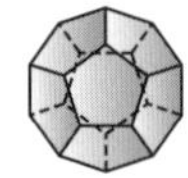
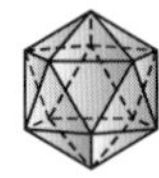

**2 直線と平面** 教 p.208〜p.213

・空間にある2つの直線…交わる/平行/ねじれの位置

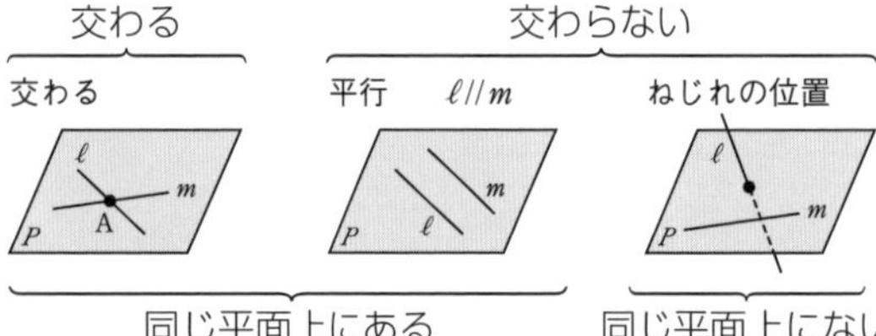


・直線と平面…交わる/平行/平面上にある　　・2平面…交わる/平行

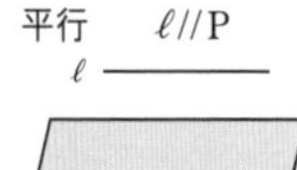

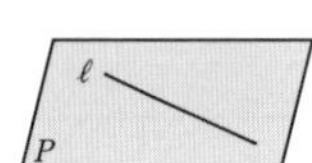

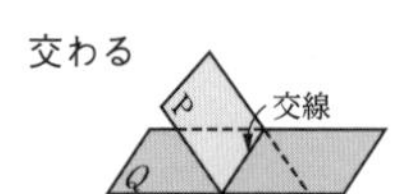


### スピード確認（□に入るものを答えよう。答えは，下にあります。）

□ 2点をふくむ平面は1つに決まらないが，平行な2直線をふくむ平面は1つに ① 。★一直線上にない3点をふくむ平面は1つに決まる。

**2** □ 右の立方体で，辺を直線とみると，
直線ABは直線HGと ② で，
直線ABは直線BFと ③ である。
また，直線ABは直線CGと ④ にある。

★平行でなく交わらない2直線がねじれの位置の関係にある。

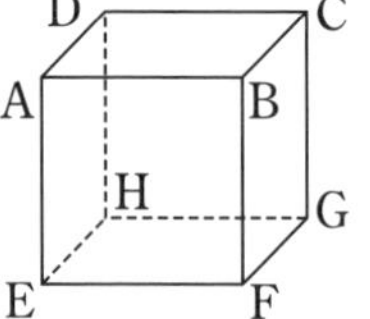


①
②
③
④

答 ①決まる　②平行　③垂直　④ねじれの位置

解答 p.17

# 基礎力UP テスト対策問題

テスト対策ナビ

**1** いろいろな立体　次の□にあてはまることばを答えなさい。

(1) 右のあやいのような立体を ① といい，底面が三角形，四角形，…の角柱を，それぞれ ②，③，…という。また，うのような立体を ④ という。

あ　い　う

(2) 右のえやおのような立体を ① といい，底面が三角形，四角形，…の角錐を，それぞれ ②，③，…という。また，かのような立体を ④ という。

え　お　か

平面だけで囲まれた立体を「多面体」というよ。

**2** 多面体　次の(1)〜(3)に答えなさい。

(1) 七面体である角柱は何角柱ですか。

(2) 八面体である角錐の底面は何角形ですか。

(3) 同じ大きさの 2 つの正四面体の 1 つの面どうしをぴったり合わせて，1 つの立体をつくるとき，この立体は正多面体といえますか。また，その理由も答えなさい。

**2** (1) 角柱だから，底面が 2 つある。
(2) 角錐だから，底面は 1 つである。

**ポイント**
立体はできるだけ具体的にかいてみて，イメージをつかむようにする。

**3** 立体の見方　下の図のような，直方体から三角錐を切り取った立体で，辺を直線，面を平面とみて，次の問いに答えなさい。

(1) 直線 EH と垂直に交わる直線はどれですか。

(2) 直線 AD と垂直な平面はどれですか。

A　D　B　C　E　H　F　G

(3) 直線 BD とねじれの位置にある直線は何本ありますか。

(4) 平面 ABD と平行な平面はどれですか。

**絶対に覚える!**
空間内にある 2 直線の位置関係は，
・交わる
・平行である
・ねじれの位置にある
の 3 つの場合がある。

テストに出る！

# 予想問題 1　6章 空間の図形　1節 空間にある立体　2節 空間にある図形

20分　/28問中

**1** よく出る　いろいろな立体　次の立体㋐〜㋕について，表を完成させなさい。

㋐ 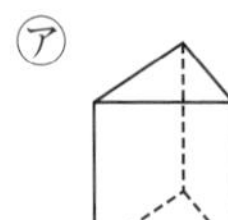 ㋑  ㋒ 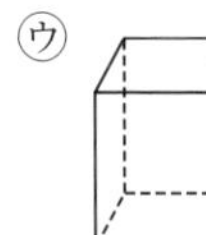 ㋓  ㋔ 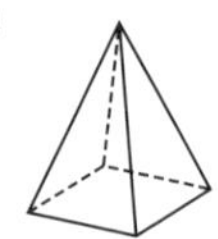 ㋕ 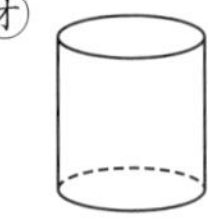 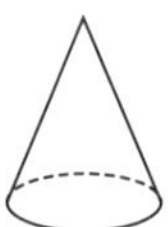

| | 立体の名前 | 面の数 | 多面体の名前 | 底面の形 | 側面の形 | 辺の数 |
|---|---|---|---|---|---|---|
| ㋐ | 三角柱 | | | | | 9 |
| ㋑ | | 4 | | | 三角形 | |
| ㋒ | | | | 四角形 | | |
| ㋓ | 四角錐 | | 五面体 | | | |
| ㋔ | | ／ | ／ | | ／ | ／ |
| ㋕ | | ／ | ／ | | ／ | ／ |

**2** よく出る　直線や平面の平行と垂直　下の直方体で，辺を直線，面を平面とみて，次のそれぞれにあてはまるものをすべて答えなさい。

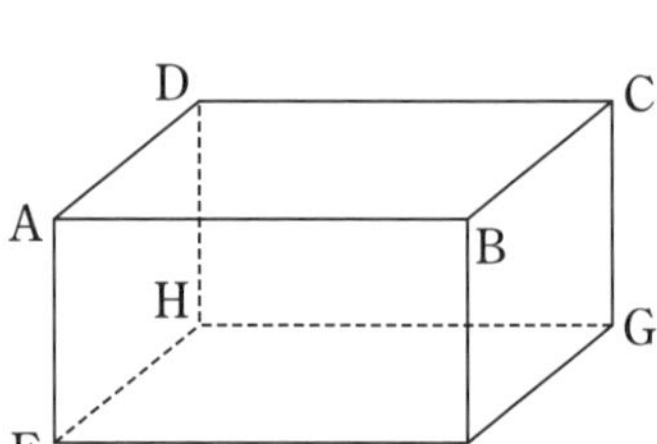


(1) 直線 AB と平行な直線

(2) 直線 BF と平行な平面

(3) 平面 ABFE と平行な平面

(4) 平面 AEHD と平行な直線

(5) 直線 AE とねじれの位置にある直線

(6) 直線 AB と垂直に交わる直線

(7) 平面 ABFE と垂直な平面

**2** (5) 空間内で，平行でなく交わらない 2 直線はねじれの位置にある。まずは，平行な直線や交わる直線を調べよう。

テストに出る！

# 予想問題 ② 6章 空間の図形 2節 空間にある図形

20分

/10問中

**1** 平面の決定　次の平面のうち，平面が1つに決まるものをすべて選び，番号で答えなさい。

① 2点をふくむ平面

② 一直線上にない3点をふくむ平面

③ 平行な2直線をふくむ平面

④ 交わる2直線をふくむ平面

⑤ ねじれの位置にある2直線をふくむ平面

⑥ 1直線と，その直線上にない1点をふくむ平面

**2** よく出る　直線や平面の平行と垂直　下の立方体で，辺を直線，面を平面とみて，次のそれぞれにあてはまるものをすべて答えなさい。

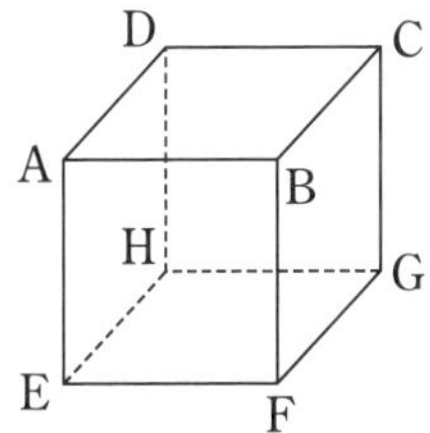


(1) 平面 BCGF と平行な平面

(2) 平面 BCGF と平行な直線

(3) 直線 FG とねじれの位置にある直線

(4) 直線 FG と垂直に交わる直線

**3** 直線や平面の平行と垂直　下の正六角柱で，辺を直線，面を平面とみて，(1)～(4)にあてはまるものをすべて答えなさい。また，(5)に答えなさい。

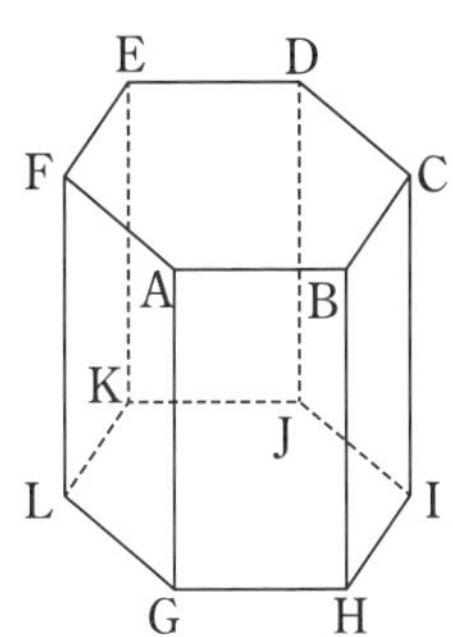


(1) 直線 AB と平行な直線

(2) 平面 BCIH に平行な平面

(3) 平面 ABHG に垂直な平面

(4) 直線 AB とねじれの位置にある直線

(5) 直線 AC と直線 CI の位置関係

**2** (3) 空間にある2つの直線では，平行ではなく，交わりもしないとき，ねじれの位置にある。まずは，交わるか，交わらないかを調べよう。

## 3節 立体のいろいろな見方　4節 立体の表面積と体積　5節 図形の性質の利用

テストに出る！ 教科書のココが要点

### さらっとまとめ（赤シートを使って，□に入るものを考えよう。）

**1 回転体** 教 p.215

・円柱や円錐のように，平面図形を1つの直線$\ell$のまわりに1回転させてできた立体を［回転体］といい，その側面をつくる線分を［母線］という。

※直線$\ell$を［回転の軸］という。

**2 投影図** 教 p.216〜p.217

・立体をある方向から見て平面に表した図を［投影図（とうえいず）］といい，正面から見た［立面図］と，真上から見た［平面図］を組にして表す。

※投影図では，立面図と平面図の対応する点を上下でそろえてかき，破線で結んでおく。また，実際に見える辺は実線で示し，見えない辺は，ふつう破線でかく。

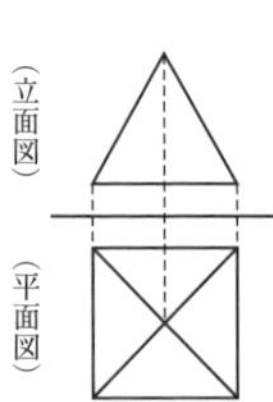


**3 立体の表面積と体積** 教 p.221〜p.229

・角柱や円柱の表面積　(表面積)＝(側面積)＋(底面積)×［2］

・角錐や円錐の表面積　(表面積)＝(側面積)＋(底面積)

・角柱や円柱の体積　(体積)＝(底面積)×(高さ)

・角錐や円錐の体積　(体積)＝［$\frac{1}{3}$］×(底面積)×(高さ)

・半径$r$の球の表面積$S$と体積$V$　$S=$［$4\pi r^2$］　$V=$［$\frac{4}{3}\pi r^3$］

### スピード確認（□に入るものを答えよう。答えは，下にあります。）

3

□ 右下の図は右の円柱の展開図です。

この円柱について，側面積は［①］cm²，

★円柱の側面になる長方形の横の長さは$(2\pi\times3)$ cm

底面積は［②］cm²だから，

表面積は［①］＋［②］×2＝［③］(cm²)

★円柱だから，底面が2つある。

体積は［②］×6＝［④］(cm³)

□ 半径12 cmの球の表面積は［⑤］(cm²)，

体積は［⑥］(cm³)

★表面積は$4\pi r^2$を使う。体積は$\frac{4}{3}\pi r^3$を使う。

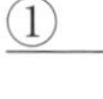


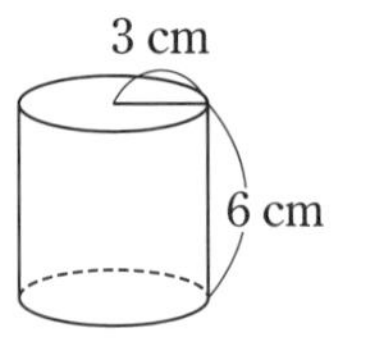


①＿＿＿＿
②＿＿＿＿
③＿＿＿＿
④＿＿＿＿
⑤＿＿＿＿
⑥＿＿＿＿

答　①$36\pi$　②$9\pi$　③$54\pi$　④$54\pi$　⑤$576\pi$　⑥$2304\pi$

解答 p.18

## 基礎力UP テスト対策問題

 立体の投影図　下の投影図は，三角柱，四角柱，三角錐，四角錐，円柱，円錐，球のうち，どの立体を表していますか。

(1)

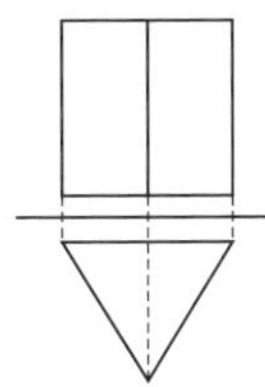

(2)

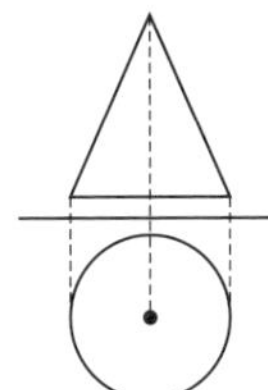

(3)

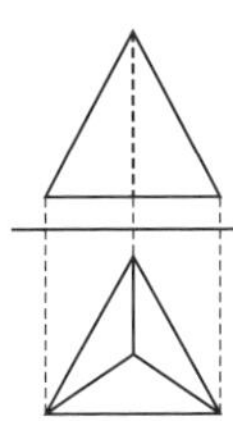

**2** 円柱の展開図　底面の半径が 3 cm，高さが 6 cm の円柱があります。この円柱の展開図をかくとき，側面になる長方形の横の長さは何 cm にすればよいですか。また，この円柱の表面積を求めなさい。

**3** 円錐の展開図　右の円錐の展開図について，次の(1)，(2)に答えなさい。

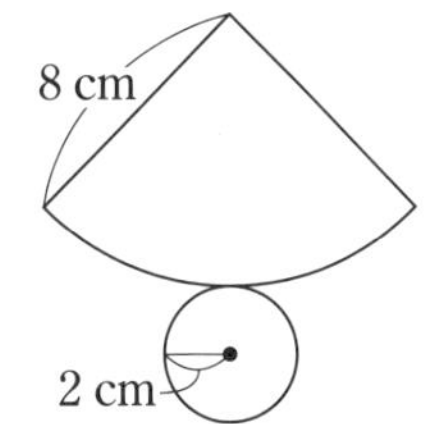


(1)　側面になるおうぎ形の中心角を求めなさい。

(2)　側面になるおうぎ形の面積を求めなさい。

**4** 表面積　次の立体の表面積を求めなさい。

(1)　正四角錐

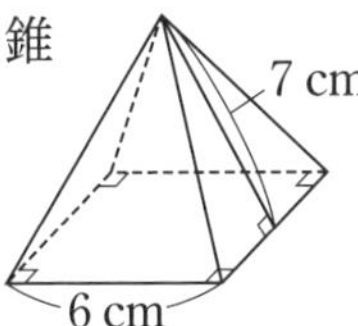


(2)　円錐

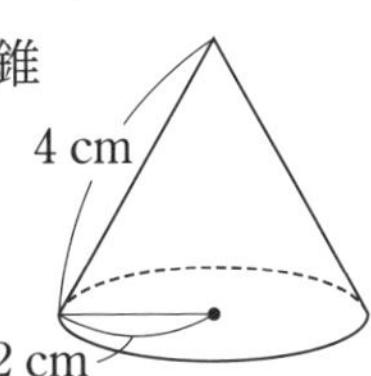


**5** 体積　次の立体の体積を求めなさい。

(1)　正四角錐

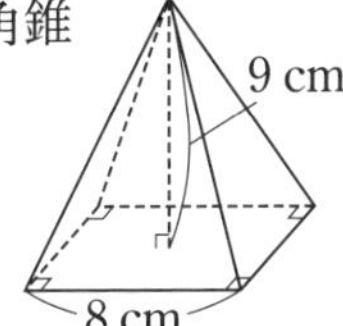


(2)　円錐

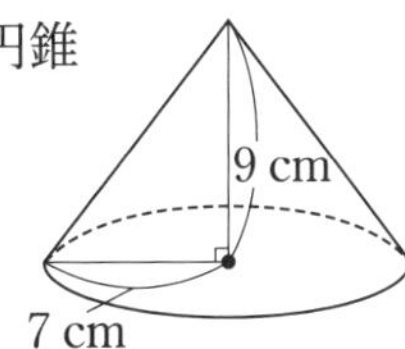

**2** 円柱の展開図

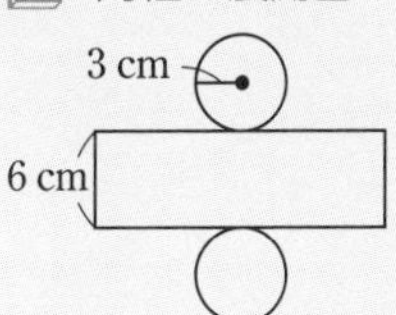


**ポイント**

円錐の表面積の求め方

1　展開図をかく。
2　中心角を求める。
$$360° \times \frac{(\text{底面の円周の長さ})}{\left(\text{母線を半径とする円の円周の長さ}\right)}$$
3　側面積を求める。
4　底面積を求めて，(側面積)＋(底面積)を計算する。

※中心角を求めずに，
$$\text{母線を半径とする円の面積} \times \frac{(\text{底面の円周の長さ})}{\left(\text{母線を半径とする円の円周の長さ}\right)}$$
で側面積を求めてもよい。

角錐や円錐の体積を求めるときは，$\frac{1}{3}$ をかけ忘れないようにしよう。

テストに出る！

# 予想問題 ①

## 6章 空間の図形
## 3節 立体のいろいろな見方

20分　/17問中

**1** 図形の動き　次の図形をそれと垂直な方向に一定の距離だけ動かすと，どんな立体ができますか。また，できた立体を底面に垂直な直線をふくむ平面で切ると，その切り口はそれぞれどんな図形になりますか。

(1)　四角形

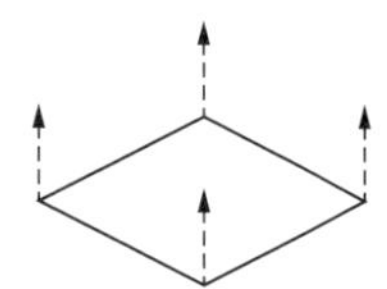

(2)　五角形

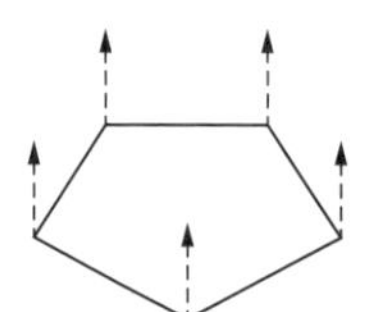

(3)　円

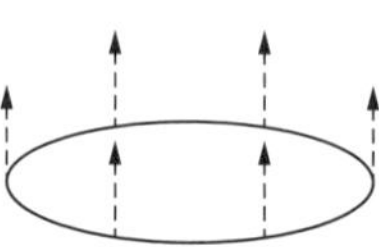

**2** 回転体　右の図形㋐，㋑，㋒を，直線 $\ell$ を回転の軸として1回転させるとき，次の(1)，(2)に答えなさい。

(1)　右の図で，辺ABのことを，1回転させてできる立体の何といいますか。

㋐ 長方形　㋑ 直角三角形　㋒ 半円

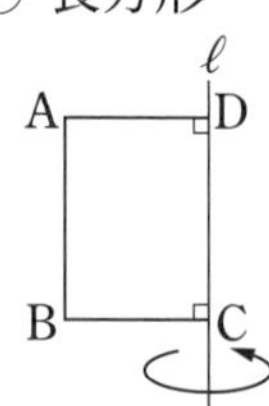

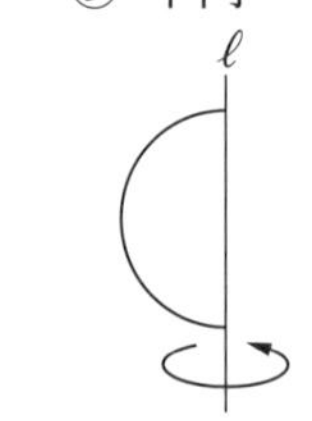


(2)　どんな立体ができますか。また，1回転させてできる立体を回転の軸をふくむ平面で切ったり，回転の軸に垂直な平面で切ったりすると，その切り口はそれぞれどんな図形になりますか。下の表を完成させなさい。

| | ㋐ | ㋑ | ㋒ |
|---|---|---|---|
| 立体 | | | |
| 回転の軸をふくむ平面で切る | | | |
| 回転の軸に垂直な平面で切る | | | |

**3** 立体の投影図　立方体をある平面で切ってできた立体を投影図で表したら，図1のようになりました。図2は，その立体の見取図の一部を示したものです。図のかきたりないところをかき加えて，見取図を完成させなさい。

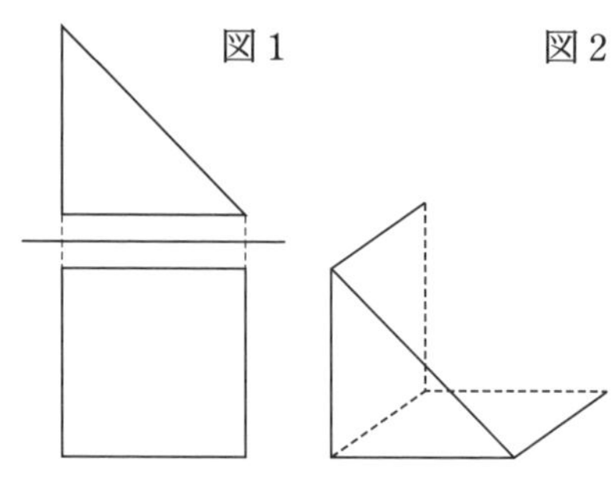

**1** 角柱や円柱は，底面がそれと垂直な方向に動いてできた立体とみることができ，動いた距離が高さになる。

テストに出る！

# 予想問題 ②

6章 空間の図形　3節 立体のいろいろな見方
4節 立体の表面積と体積　5節 図形の性質の利用

20分　/14問中

**1** よく出る 円錐の展開図　右の図の円錐の展開図をかくとき，次の問いに答えなさい。

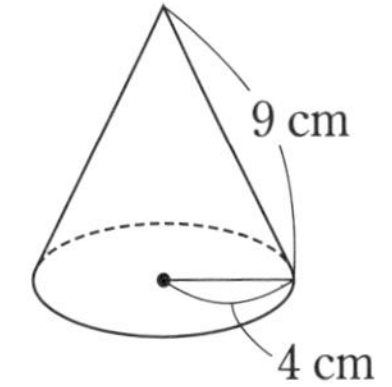


(1) 側面になるおうぎ形の半径は何 cm にすればよいですか。また，中心角は何度にすればよいですか。

(2) 側面になるおうぎ形の弧の長さと面積を求めなさい。

**2** よく出る 立体の表面積と体積　次の立体の表面積と体積を求めなさい。

(1) 三角柱

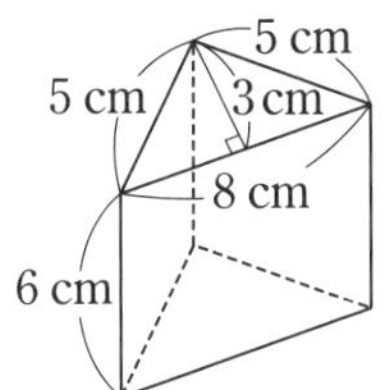


(2) 正四角錐

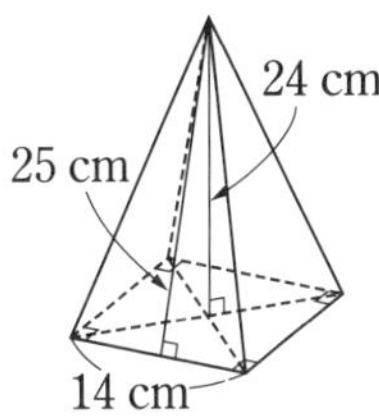


(3) 円柱

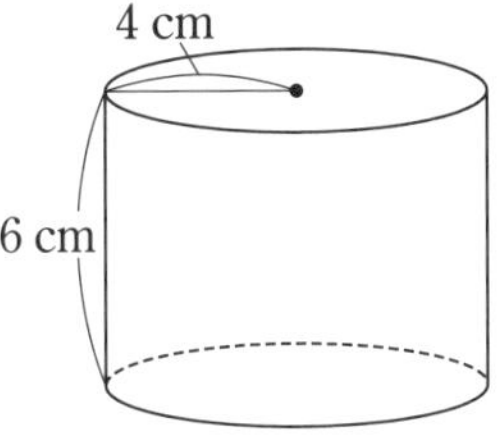


(4) 円錐

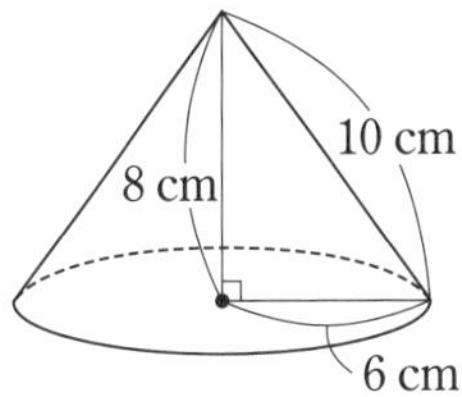


**3** 回転体の表面積と体積　右の図のような半径 3 cm，中心角 90°のおうぎ形を，直線 $\ell$ を回転の軸として 1 回転させてできる立体の表面積と体積を求めなさい。

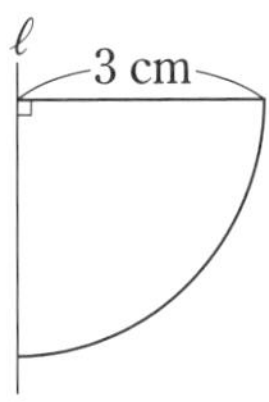

**3** 半径 $r$ の球の表面積 $S$ と体積 $V$　　$S=4\pi r^2$，$V=\frac{4}{3}\pi r^3$

テストに出る！

# 章末予想問題　6章 空間の図形

30分　/100点

**1** 次の立体㋐～㋘の中から，(1)～(5)のそれぞれにあてはまるものをすべて選び，記号で答えなさい。
5点×5〔25点〕

㋐ 正三角柱　㋑ 正四角柱　㋒ 正六面体　㋓ 円柱　㋔ 正三角錐
㋕ 正四角錐　㋖ 正八面体　㋗ 円錐　㋘ 球

(1) 正三角形の面だけで囲まれた立体　(2) 正方形の面だけで囲まれた立体

(3) 5つの面で囲まれた立体　(4) 平面図形を1回転させてできる立体

(5) 平面図形をそれと垂直な方向に一定の距離だけ動かしてできた立体

**2** 右の図は底面が AD∥BC の台形である四角柱で，辺を直線，面を平面とみて，次のそれぞれにあてはまるものをすべて答えなさい。
5点×6〔30点〕

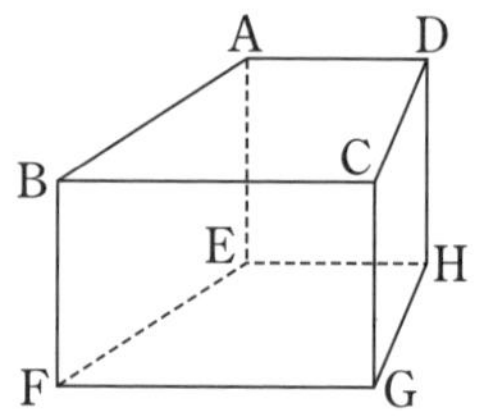

(1) 直線 AD と平行な平面

(2) 平面 ABFE と平行な直線

(3) 直線 AE と垂直な平面　(4) 平面 ABCD と垂直な直線

(5) 平面 AEHD と垂直な平面　(6) 直線 AB とねじれの位置にある直線

A D B C E H F G

**3** 差がつく 空間にある直線や平面について述べた次の文のうち，正しいものをすべて選び，番号で答えなさい。
〔7点〕

① 交わらない2直線は平行である。
② 1つの直線に平行な2直線は平行である。
③ 1つの直線に垂直な2直線は平行である。
④ 1つの直線に垂直な2平面は平行である。
⑤ 1つの平面に垂直な2直線は平行である。
⑥ 平行な2平面上の直線は平行である。

解答 p.19

**満点ゲット作戦**

体積を求める→投影図や見取図で立体の形を確認する。

表面積を求める→展開図をかくとすべての面が確認できる。

**4** 次の(1)，(2)の投影図で表された角柱や円錐の体積を求めなさい。 8点×2〔16点〕

(1)

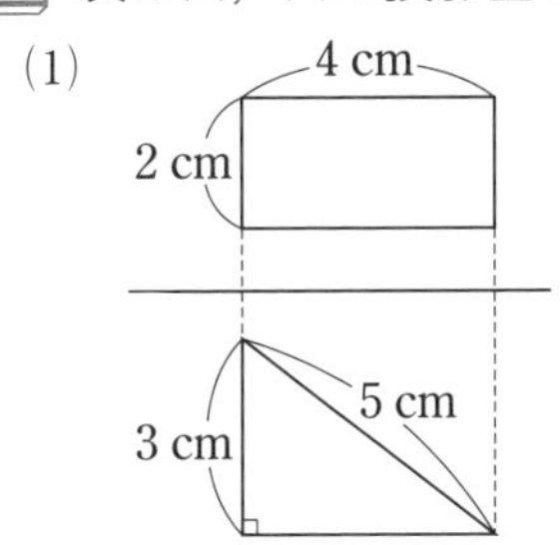


(2)

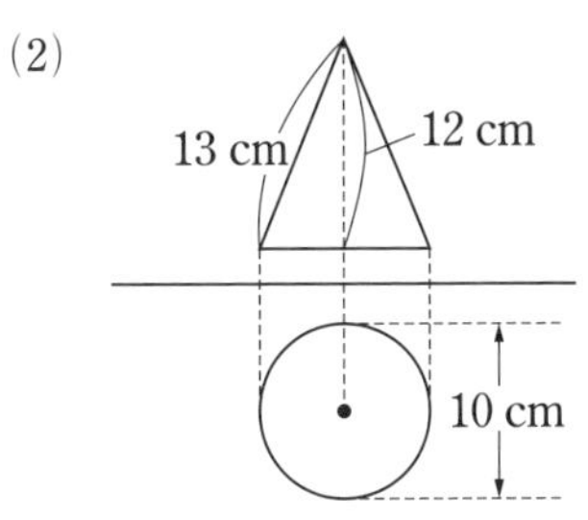


**5** 直方体のふたのない容器いっぱいに水を入れて，右の図のように傾けると，何 $cm^3$ の水が残りますか。 〔8点〕

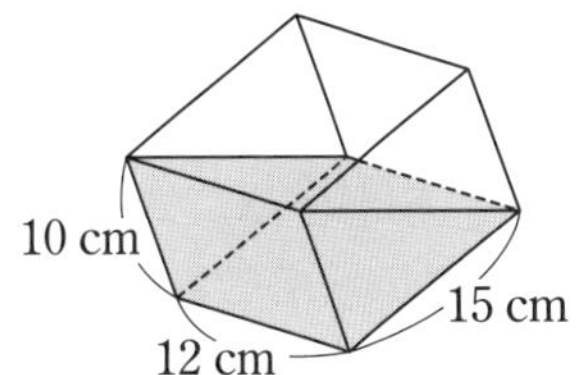


**6** 差がつく 右の図のような直角三角形と長方形を組み合わせた図形を，直線 $\ell$ を回転の軸として1回転させてできる立体について，表面積と体積を求めなさい。 7点×2〔14点〕

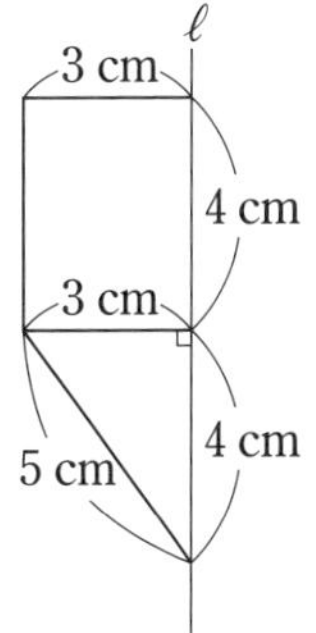


<table>
<tr><td rowspan="2">1</td><td colspan="2">(1)</td><td colspan="2">(2)</td><td>(3)</td></tr>
<tr><td colspan="2">(4)</td><td colspan="2">(5)</td><td></td></tr>
<tr><td rowspan="3">2</td><td colspan="3">(1)</td><td colspan="2">(2)</td></tr>
<tr><td colspan="3">(3)</td><td colspan="2">(4)</td></tr>
<tr><td colspan="3">(5)</td><td colspan="2">(6)</td></tr>
<tr><td>3</td><td></td><td>4</td><td colspan="2">(1)</td><td>(2)</td></tr>
<tr><td>5</td><td></td><td>6</td><td colspan="2">表面積</td><td>体積</td></tr>
</table>

| 1 | /25点 | 2 | /30点 | 3 | /7点 | 4 | /16点 | 5 | /8点 | 6 | /14点 |
|---|---|---|---|---|---|---|---|---|---|---|---|

# 7章 データの分析

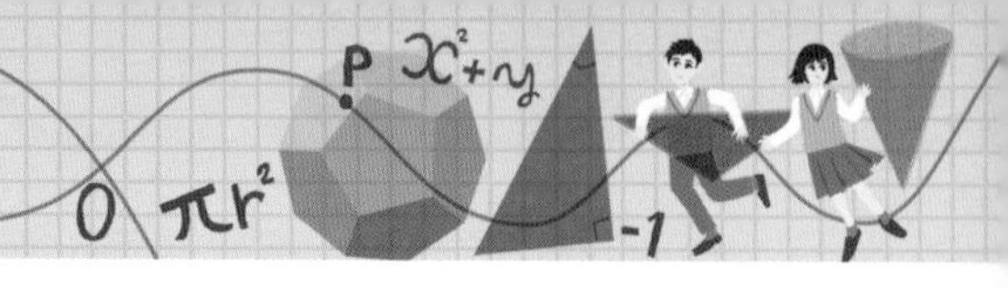

## 1節 データの分析　2節 データにもとづく確率　3節 データの利用

テストに出る！ 教科書のココが要点

### さらっとまとめ（赤シートを使って，□に入るものを考えよう。）

**1 データの分析** 教 p.240～p.243

・データの最大値と最小値との差を［範囲（レンジ）］といい，
階級として区切った区間の幅のことを［階級の幅］という。

・度数分布のようすを見やすくするためにかいた柱状グラフを［ヒストグラム］ともいう。ヒストグラムの各階級の長方形の上の辺の中点を，順に折れ線で結んだグラフを［度数分布多角形（度数折れ線）］という。

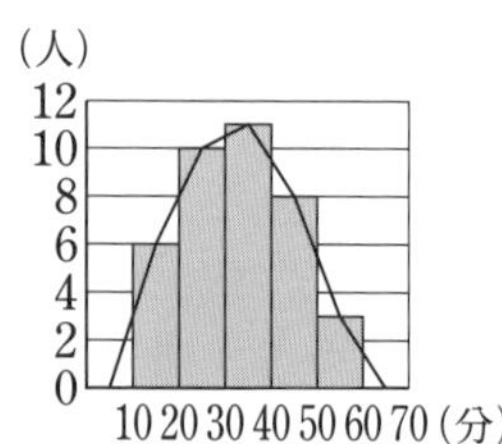


**2 相対度数，代表値** 教 p.244～p.250

・各階級の度数の，全体に対する割合を，その階級の［相対度数］という。

・最小の階級から各階級までの度数の総和を［累積度数］といい，
最小の階級から各階級までの相対度数の総和を［累積相対度数］という。

・階級の中央の値を［階級値］という。

・度数分布表，または，ヒストグラムや度数分布多角形で，最大の度数をもつ階級の階級値を［最頻値（モード）］という。

・度数分布表からの平均値の求め方は，［（平均値）］＝$\dfrac{\{(\text{階級値}\times\text{度数})\text{の合計}\}}{(\text{度数の合計})}$

**3 確率** 教 p.252～p.255

・あることがらの起こりやすさの程度を表す数を，そのことがらの起こる［確率］という。

### スピード確認（□に入るものを答えよう。答えは，下にあります。）

2

□ 右の表は，ある品物の重さを度数分布表に整理したものです。10 g 以上 15 g 未満の階級の相対度数は［①］で，15 g 未満の階級の累積相対度数は［②］である。

★（相対度数）＝$\dfrac{(\text{階級の度数})}{(\text{度数の合計})}$

最頻値は，10 g 以上 15 g 未満の階級にふくまれるから，その階級値の［③］g となる。
度数分布表から平均値を求めると，
［④］×8＋［⑤］×26＋17.5×13＋22.5×3＝［⑥］
より，［⑥］÷50＝［⑦］(g) になる。

| 重さ（g） | 度数（個） |
|---|---|
| 以上　未満<br>5～10 | 8 |
| 10～15 | 26 |
| 15～20 | 13 |
| 20～25 | 3 |
| 計 | 50 |

①
②
③
④
⑤
⑥
⑦

答 ①0.52　②0.68　③12.5　④7.5　⑤12.5　⑥680　⑦13.6

解答 p.19

テストに出る！
# 予想問題

## 7章 データの分析
## 1節 データの分析　2節 データにもとづく確率　3節 データの利用

20分

/14問中

**1** よく出る　度数分布表，相対度数　右の表は，50人の生徒の身長を測定した結果を度数分布表に整理したものです。

| 身長(cm) | 度数(人) |
|---|---|
| 以上　未満 | |
| 140～145 | 9 |
| 145～150 | 12 |
| 150～155 | 14 |
| 155～160 | 10 |
| 160～165 | 5 |
| 計 | 50 |

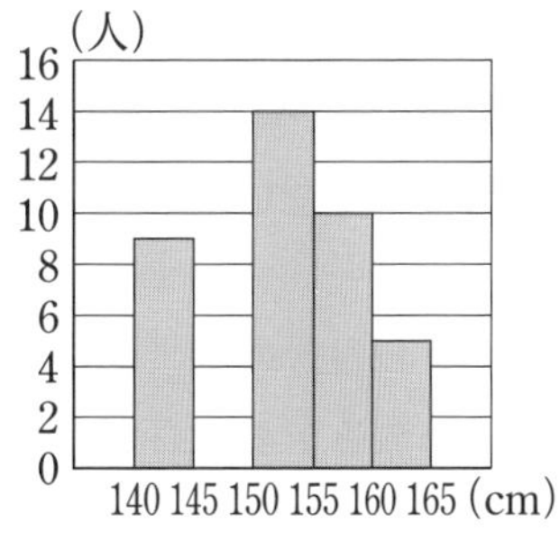


(1) 階級の幅を答えなさい。

(2) 身長が156 cmの生徒は，どの階級に入りますか。

(3) 身長が155 cm以上の生徒は何人いますか。

(4) 右のヒストグラムを完成させなさい。また，度数分布多角形をかき入れなさい。

(5) 150 cm以上155 cm未満の階級の相対度数を求めなさい。

(6) 155 cm未満の累積相対度数を求めなさい。

(7) Aさんは156 cmです。50人の中で身長が高いほうだといえますか。

**2** よく出る　代表値　右の表は，20人の生徒の通学時間を調べた結果を度数分布表に整理したものです。□にあてはまる数を求めなさい。

| 時間(分) | 度数(人) |
|---|---|
| 以上　未満 | |
| 0～10 | 3 |
| 10～20 | 8 |
| 20～30 | 6 |
| 30～40 | 2 |
| 40～50 | 1 |
| 計 | 20 |

階級値を使って平均値を求めると，(5×3＋15×8＋①□×6＋35×2＋45×②□)÷20＝③□÷20＝④□(分)である。

また，最頻値は⑤□分である。

**3** 範囲　下の資料は，9名の生徒のハンドボール投げの記録を示したものです。分布の範囲を求めなさい。

20，15，27，21，23，29，27，16，18　(m)

**2** ⑤　度数分布表での最頻値は，最大の度数をもつ階級の階級値のことである。

テストに出る！

# 章末予想問題　7章 データの分析

20分　/100点

**1** 差がつく 右の表は，40 名の生徒の 50 m 走の記録を度数分布表に整理したものです。

6点×10〔60点〕

| 記録(秒) | 階級値(秒) | 度数(人) | 累積度数(人) | 相対度数 | 累積相対度数 |
|---|---|---|---|---|---|
| 以上　未満<br>7.0〜7.4 | 7.2 | 3 | 3 | 0.075 | 0.075 |
| 7.4〜7.8 | ① | 5 | ③ | ⑤ | ⑦ |
| 7.8〜8.2 | 8.0 | 12 | 20 | 0.300 | 0.500 |
| 8.2〜8.6 | 8.4 | 10 | 30 | 0.250 | 0.750 |
| 8.6〜9.0 | 8.8 | ② | ④ | ⑥ | 0.975 |
| 9.0〜9.4 | 9.2 | 1 | 40 | 0.025 | ⑧ |
| 計 | | 40 | | 1 | |

(1) 右の表の①〜⑧にあてはまる数を求めなさい。

(2) 平均値を求めなさい。

(3) 最頻値を求めなさい。

**2** さいころを投げて，4 の目が出るようすを調べると，右の表のようになりました。

10点×4〔40点〕

(1) 右の表の①〜③にあてはまる数を求めなさい。

(2) さいころを投げて，4 の目が出る確率は，およそいくつになると考えられますか。

| 投げた回数(回) | 4の目が出た回数(回) | 相対度数 |
|---|---|---|
| 200 | 41 | 0.205 |
| 400 | 72 | 0.180 |
| 600 | 102 | ① |
| 800 | 132 | ② |
| 1000 | 168 | ③ |
| 1200 | 200 | 0.167 |
| 1400 | 233 | 0.166 |

| | | | |
|---|---|---|---|
| 1 | (1) ① | ② | ③ |
| | ④ | ⑤ | ⑥ |
| | ⑦ | ⑧ | |
| | (2) | (3) | |
| 2 | (1) ① | ② | ③ |
| | (2) | | |

| 1 | /60点 | 2 | /40点 |
|---|---|---|---|

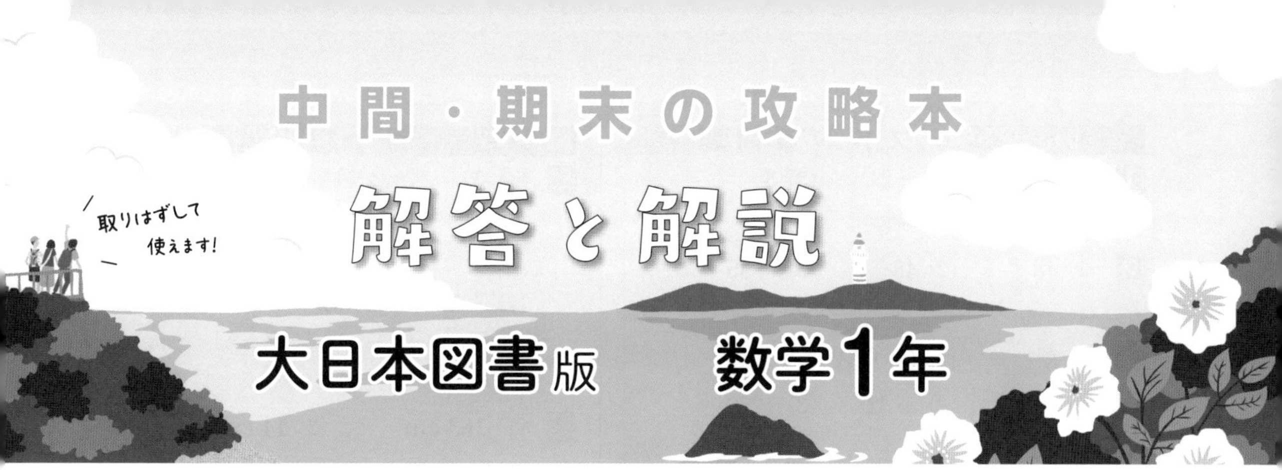

中間・期末の攻略本

取りはずして使えます!

# 解答と解説

## 大日本図書版　数学1年

### 1章　数の世界のひろがり

**p.3　テスト対策問題**

**1** (1) 13　　(2) 630

**2** (1) −3 時間　　(2) +12 kg

**3** A…−5.5　B…−2
C…+0.5　D…+3

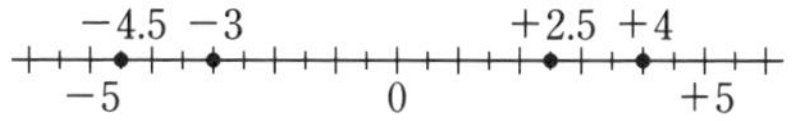

−4.5
−3
+2.5
+4
−5
0
+5


**4** (1) ① 9　② 7.2　③ $\frac{7}{10}$
(2) +4, −4　(3) 9 個

**5** (1) −7<+2
(2) −5<−3
(3) −7<−4<+5
(4) −1<−0.1<+0.01

**解説**

**1** (2)
90＝2×3×3×5
105＝　 3　×5×7
2×3×3×5×7＝630

**2** ポイント　反対の性質をもつ量は，正の数，負の数を使って表すことができる。

**3** 数直線では，基準の点に数 0，0 より右側に正の数，左側に負の数を対応させている。

**4** (1) 絶対値は，正や負の数から，＋や－の符号をとった数といえる。小数や分数の絶対値も整数と同じように考える。
(2) 注意　ある絶対値になるもとの数は，0 を除いて，＋と－の 2 つの数がある。
(3) 数直線をかいて考える。

**5** (3) (4) ミス注意!　3 つの数を大きさの順に並べるときは，数の小さいほうから，または，数の大きいほうから並べる。

**p.4　予想問題**

**1** $2^3×11$

**2** (1) ① −6 °C　② +3.5 °C
(2) ① 東へ 800 m 移動すること
② 西へ 300 m 移動すること

**3** (1) −5<+3
(2) −4.5<−4
(3) −0.04<0<+0.4
(4) $-\frac{2}{5}<-0.3<-\frac{1}{4}$

**4** (1) $-\frac{5}{2}$
(2) −2 と +2
(3) 3 個

**解説**

**2** (2) 「＋」は「東へ」，「－」は「西へ」と読みかえる。

**3** ポイント　数の大小は数直線をかいて考える。特に，負の数どうしのときは注意する。
(3) (負の数)<0<(正の数)
(4) 分数か小数のどちらかにそろえて考える。分数にそろえたときは，さらに通分してから考える。

$-0.3=-\frac{3}{10}$，$-\frac{1}{4}=-0.25$，$-\frac{2}{5}=-0.4$

**4** 数直線上に数を表して考える。分数は小数になおして考える。

$-\frac{5}{2}=-2.5$，$+\frac{2}{3}=+0.66\cdots$

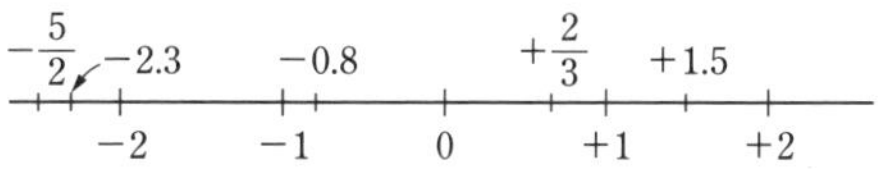

$-\frac{5}{2}$
−2.3
−0.8
$+\frac{2}{3}$
+1.5
−2
−1
0
+1
+2


(3) 絶対値が 1 より小さい数は −1 から +1 の間の数である。

## p.6 テスト対策問題

**1** (1) $-5$ (2) $-2$ (3) $3$
(4) $-22$ (5) $-8$ (6) $-4$

**2** (1) $48$ (2) $48$ (3) $-35$
(4) $-9$

**3** (1) $8^3$ (2) $(-1.5)^2$

**4** (1) $-27$ (2) $-32$ (3) $125$
(4) $1000$

**5** (1) $-10$ (2) $\frac{5}{17}$ (3) $-\frac{1}{21}$
(4) $\frac{5}{3}$

**6** (1) $-6$ (2) $12$ (3) $-\frac{2}{9}$
(4) $-15$

解説

**1** (1) $(-8)+(+3)=-(8-3)=-5$
(2) $(-6)-(-4)=(-6)+(+4)=-(6-4)=-2$
(3) $(+5)+(-8)+(+6)=5-8+6=5+6-8$
$=11-8=3$

**2** (1) $(+8)\times(+6)=+(8\times6)=+48$
(2) $(-4)\times(-12)=+(4\times12)=+48$
(3) $(-5)\times(+7)=-(5\times7)=-35$
(4) $\left(-\frac{3}{5}\right)\times15=-\left(\frac{3}{5}\times15\right)=-9$

**4** (1) $(-3)^3=(-3)\times(-3)\times(-3)$
$=-(3\times3\times3)=-27$
(2) $-2^5=-(2\times2\times2\times2\times2)=-32$
(3) $(-5)\times(-5^2)=(-5)\times(-25)=+(5\times25)$
$=+125$
(4) $(5\times2)^3=10^3=10\times10\times10=1000$

**5** 注意 逆数は，分数では，分子と分母の数字を逆にすればよい。(3)の $-21$ は $-\frac{21}{1}$，(4)の小数の 0.6 は分数の $\frac{3}{5}$ になおして考える。

**6** (1) $(+54)\div(-9)=-(54\div9)=-6$
(2) $(-72)\div(-6)=+(72\div6)=+12$
(3) $(-8)\div(+36)=-(8\div36)=-\frac{8}{36}=-\frac{2}{9}$
(4) $18\div\left(-\frac{6}{5}\right)=18\times\left(-\frac{5}{6}\right)=-\left(18\times\frac{5}{6}\right)$
$=-15$

## p.7 予想問題 ❶

**1** (1) $22$ (2) $16$ (3) $-9.6$
(4) $\frac{1}{6}$ (5) $-3$ (6) $-6$
(7) $-5$ (8) $6.8$ (9) $3.3$
(10) $-\frac{3}{4}$

**2** (1) 163 cm (2) 14 cm
(3) $-12$ cm

解説

**1** (1) $(+9)+(+13)=+(9+13)=+22$
(2) $(-11)-(-27)=(-11)+(+27)$
$=+(27-11)=+16$
(3) $(-7.5)+(-2.1)=-(7.5+2.1)=-9.6$
(4) $\left(+\frac{2}{3}\right)-\left(+\frac{1}{2}\right)=\left(+\frac{2}{3}\right)+\left(-\frac{1}{2}\right)$
$=\left(+\frac{4}{6}\right)+\left(-\frac{3}{6}\right)=+\left(\frac{4}{6}-\frac{3}{6}\right)=+\frac{1}{6}$
(5) $-7+(-9)-(-13)=-7-9+13$
$=-16+13=-3$
(6) $6-8-(-11)+(-15)=6-8+11-15=-6$
(7) $-5.2+(-4.8)+5=-5.2-4.8+5$
$=-10+5=-5$
(8) $4-(-3.2)+\left(-\frac{2}{5}\right)=4+3.2+(-0.4)$
$=7.2-0.4=6.8$
(9) $2-0.8-4.7+6.8=2+6.8-0.8-4.7$
$=8.8-5.5=3.3$
(10) $-1+\frac{1}{3}-\frac{5}{6}+\frac{3}{4}=-1-\frac{5}{6}+\frac{1}{3}+\frac{3}{4}$
$=-\frac{12}{12}-\frac{10}{12}+\frac{4}{12}+\frac{9}{12}=-\frac{22}{12}+\frac{13}{12}=-\frac{9}{12}$
$=-\frac{3}{4}$

**2** (1) $160+3=163$ (cm)
(2) 基準との差を使って求める。
$(+8)-(-6)=8+6=14$ (cm)
別解 最も身長が高い生徒D
…$160+8=168$ (cm)
最も身長が低い生徒F
…$160-6=154$ (cm)
$168-154=14$ (cm)
(3) $+8$ が基準になるから，
$(-4)-(+8)=-4-8=-12$ (cm)

## p.8 予想問題 ❷

**1** (1) **−120**　(2) **−0.92**　(3) **0**
(4) $\frac{1}{2}$

**2** (1) **340**　(2) **−1300**　(3) **−3000**
(4) **−69**

**3** (1) **−9**　(2) **0**　(3) $\frac{5}{8}$
(4) **−6**

**4** (1) **12**　(2) **−16**　(3) **128**
(4) **15**　(5) **−10**　(6) $\frac{7}{2}$
(7) **−2**　(8) **−12**

### 解説

**2** (1) $4\times(-17)\times(-5)=4\times(-5)\times(-17)$
$=-20\times(-17)=+(20\times17)=+340$
(2) $13\times(-25)\times4=13\times\{(-25)\times4\}$
$=13\times(-100)=-1300$
(3) $-3\times(-8)\times(-125)=-3\times\{(-8)\times(-125)\}$
$=-3\times1000=-3000$
(4) $18\times23\times\left(-\frac{1}{6}\right)=18\times\left(-\frac{1}{6}\right)\times23$
$=(-3)\times23=-69$

**3** (3) $\left(-\frac{35}{8}\right)\div(-7)=\left(-\frac{35}{8}\right)\times\left(-\frac{1}{7}\right)$
$=+\left(\frac{35}{8}\times\frac{1}{7}\right)=+\frac{5}{8}$

**4** (1) $9\div(-6)\times(-8)=9\times\left(-\frac{1}{6}\right)\times(-8)$
$=+12$
(2) $(-96)\times(-2)\div(-12)$
$=(-96)\times(-2)\times\left(-\frac{1}{12}\right)=-16$
(3) $-5\times16\div\left(-\frac{5}{8}\right)=-5\times16\times\left(-\frac{8}{5}\right)=+128$
(5) $\left(-\frac{3}{4}\right)\times\frac{8}{3}\div0.2=\left(-\frac{3}{4}\right)\times\frac{8}{3}\div\frac{1}{5}$
$=\left(-\frac{3}{4}\right)\times\frac{8}{3}\times\frac{5}{1}=-10$
(7) $(-3)\div(-12)\times32\div(-4)$
$=(-3)\times\left(-\frac{1}{12}\right)\times32\times\left(-\frac{1}{4}\right)=-2$
(8) $(-20)\div(-15)\times(-3^2)$
$=(-20)\times\left(-\frac{1}{15}\right)\times(-9)=-12$

## p.9 予想問題 ❸

**1** (1) **−44**　(2) **−4**　(3) **−130**
(4) **10.8**　(5) **1.5**　(6) **1**
(7) **−11**　(8) **−210**

**2** (1) ㋑　(2) ㋐　(3) ㋒
(4) ㋒　(5) ㋑

**3** (1) **−6 冊**　(2) **8 冊**　(3) **23 冊**

### 解説

**1** **注意** 「乗法，除法→加法，減法」の順序で計算する。
(1) $4-(-6)\times(-8)=4-48=-44$
(2) $-7-24\div(-8)=-7+3=-4$
(3) $-6\times(-5)^2-(-20)=-150+20=-130$
(4) $(-1.2)\times(-4)-(-6)=4.8+6=10.8$
(5) $6.3\div(-4.2)-(-3)=-1.5+3=1.5$
(6) $\frac{6}{5}+\frac{3}{10}\times\left(-\frac{2}{3}\right)=\frac{6}{5}-\frac{1}{5}=\frac{5}{5}=1$
(7) $12\times\left(\frac{3}{4}-\frac{5}{3}\right)$
$=12\times\frac{3}{4}-12\times\frac{5}{3}=9-20=-11$
(8) $21\times(-3)+21\times(-7)$
$=21\times\{(-3)+(-7)\}$
$=21\times(-10)=-210$

**2** 自然数をふくむ整数以外の数を「数」に分類する。
**ミス注意!** 自然数は正の整数のことである。
0 は正や負の数ではないが，整数である。

**3** (1) $(-4)-(+2)=-6$ (冊)
(2) $(+2)-(-6)=+8$ (冊)
(3) Aが使ったノートの冊数は，Bが使ったノートの冊数より 4 冊少ない 21 冊だから，
Bが使った冊数は，$21+4=25$ (冊)
Bが使った冊数との差の平均は，
$\{(-4)+0+(+2)+(-6)\}\div4=-2$ (冊)
より，4 人が使ったノートの冊数の平均は，
$25+(-2)=23$ (冊)
**別解** それぞれの冊数を求めてから，平均を求めることもできる。
A…21 冊　B…25 冊
C…27 冊　D…19 冊
だから，$(21+25+27+19)\div4=23$ (冊)

## p.10～p.11 章末予想問題

**1** (1) 17, 19, 23, 29, 31, 37

(2) $2^2 \times 19$

**2** (1) −10 分　(2)「2年前」

**3** (1) −7　(2) −10　(3) $-\frac{2}{7}$

(4) $-\frac{17}{12}$

**4** (1) −50　(2) 3　(3) $\frac{8}{3}$

(4) −12　(5) −32　(6) −2

(7) −12　(8) −150　(9) −2

**5** (1)

| +2 | −5 | 0 |
|---|---|---|
| −3 | −1 | +1 |
| −2 | +3 | −4 |

(2) −9

**6** (1) 0.5 点　(2) 60.5 点

### 解説

**3** 注意 小数や分数の混じった計算は，小数か分数のどちらかにそろえてから計算する。

(3) $-\frac{2}{5}-0.6-\left(-\frac{5}{7}\right)=-\frac{2}{5}-\frac{3}{5}+\frac{5}{7}$
$=-1+\frac{5}{7}=-\frac{2}{7}$

(4) $-1.5+\frac{1}{3}-\frac{1}{2}+\frac{1}{4}=-\frac{3}{2}-\frac{1}{2}+\frac{1}{3}+\frac{1}{4}$
$=-2+\frac{4}{12}+\frac{3}{12}=-2+\frac{7}{12}=-\frac{17}{12}$

**4** ポイント 「累乗やかっこの中の計算→乗法や除法の計算→加法や減法の計算」

(8) $3\times(-18)+3\times(-32)$
$=3\times\{(-18)+(-32)\}=3\times(-50)=-150$

(9) $15\times\left(\frac{2}{3}-\frac{4}{5}\right)=15\times\frac{2}{3}-15\times\frac{4}{5}=10-12$
$=-2$

**5** (1) 3つの数の和は，$(+2)+(-1)+(-4)=-3$ になる。表はわかるところから，計算で求めていく。

**6** (1) $\{(+6)+(-8)+(+18)+(-5)+0+(-15)+(+11)+(-3)\}\div 8=(+4)\div 8=+0.5$ (点)

(2) 基準の 60 点との差の平均が +0.5 点だから，平均は，$60+0.5=60.5$ (点)

別解 $(66+52+78+55+60+45+71+57)\div 8=484\div 8=60.5$ (点)

# 2章　文字と式

## p.13 テスト対策問題

**1** (1) $-ab$　(2) $x^3y^2$

(3) $4x+2$　(4) $7-5x$

(5) $5(x-y)$　(6) $\frac{x-y}{5}$

**2** (1) $4x+50$ (円)

(2) 時速 $\frac{a}{4}$ km または 時速 $\frac{1}{4}a$ km

(3) $x-12y$ (個)

(4) $8(x-y)$ または $8(y-x)$

**3** (1) $100a-b$ (cm)　(2) $\frac{xy}{60}$ km

**4** (1) $\frac{21}{100}x$ 人　(2) $\frac{9}{10}a$ 円

**5** (1) 2　(2) $-\frac{1}{9}$　(3) $\frac{1}{27}$

### 解説

**1** (1) ミス注意! $-1ab$ とはしないこと。1は書かずに省く。

(5) $x-y$ はひとまとまりなので，かっこははずさない。

**2** (2) (速さ)=(道のり)÷(時間)

(3) 子どもに配ったみかんの数は，
$y\times 12=12y$

(4) 注意 差だから，ここでは $x-y$, $y-x$ のどちらを考えてもよい。

**3** ミス注意! 単位をそろえて，式をつくる。

(1) $a$ m=$100a$ cmだから，$100a-b$ (cm)

(2) $y$ 分を $\frac{y}{60}$ 時間としてから，
(道のり)=(速さ)×(時間) の公式にあてはめる。

**4** (1) 21% は，全体の $\frac{21}{100}$ の割合を表す。

(2) 9割は，全体の $\frac{9}{10}$ の割合を表す。

**5** (1) $12a-2=12\times a-2=12\times\frac{1}{3}-2=4-2$
$=2$

(2) $-a^2=-(a\times a)=-\left(\frac{1}{3}\times\frac{1}{3}\right)=-\frac{1}{9}$

(3) $\frac{a}{9}=\frac{1}{9}a=\frac{1}{9}\times a=\frac{1}{9}\times\frac{1}{3}=\frac{1}{27}$

## p.14 予想問題

**1** (1) $-5x-\frac{y}{3}$ (2) $\frac{5a}{2}$

(3) $\frac{ab^2}{3}$ (4) $\frac{x}{4y}$

**2** (1) $3\times a\times a\times b$ (2) $x\div 3$

(3) $(-6)\times(x-y)$ (4) $2\times a-b\div 5$

**3** (1) $300-10m$（ページ）

(2) $50x+100y$（円）

(3) $10x+3$ (4) $8n$

**4** (1) 0 (2) 75 (3) $\frac{5}{8}$

(4) 2 (5) $-60$

**5** 式… $10a^2$ cm$^3$

$a=4$ のとき… 160 cm$^3$

### 解説

**1** (3) $a\div 3\times b\times b=\frac{a}{3}\times b^2=\frac{ab^2}{3}$

(4) 除法は逆数をかけることと同じだから，

$x\div y\div 4=x\times\frac{1}{y}\times\frac{1}{4}=\frac{x}{4y}$

**2** (2)(4) 分数はわり算の形で表せる。

**3** (1) $m$ 日で読んだページ数は，

$10\times m=10m$

(2) 50 円切手 $x$ 枚の代金は，$50\times x=50x$

100 円切手 $y$ 枚の代金は，$100\times y=100y$

(3) ミス注意！ 十の位の数が $x$，一の位の数が $y$ である 2 桁の自然数は，$10x+y$ と表せる。

(4) ポイント ある数○の倍数を，文字を使って表すには，$n$ を整数とするとき，○×$n$ の形で表せる。

**4** (1) $-2a-10=-2\times a-10$

$=-2\times(-5)-10=10-10=0$

(2) $3(-a)^2=3\times\{-(-5)\}^2$

$=3\times(+5)^2=3\times 25=75$

(3) $-\frac{a}{8}=-\frac{-5}{8}=\frac{5}{8}$

別解 $-\frac{a}{8}=-\frac{1}{8}a=-\frac{1}{8}\times a$

$=-\frac{1}{8}\times(-5)=\frac{5}{8}$

(4) $2a-4b=2\times(-5)-4\times(-3)$

$=-10+12=2$

(5) $-4ab=-4\times(-5)\times(-3)=-60$

## p.16 テスト対策問題

**1** (1) $13x$ (2) $-y$

(3) $x-4$ (4) $\frac{1}{2}a-4$

**2** (1) $48a$ (2) $y$ (3) $3x$

(4) $\frac{m}{6}$ または $\frac{1}{6}m$

**3** (1) $7x+14$ (2) $-8x+2$

(3) $2x-1$ (4) $3x-4$

(5) $5x-4$ (6) $6x+16$

**4** (1) $16a-3$ (2) $9x-13$

**5** (1) $14x+7$ (2) $-19x+8$

**6** (1) $30a=b$ (2) $xy\geqq 100$

### 解説

**1** (1) $8x+5x=(8+5)x=13x$

(2) $2y-3y=(2-3)y=-1\times y=-y$

(3) $7x+1-6x-5=7x-6x+1-5$

$=(7-6)x-4=x-4$

(4) $4-\frac{5}{2}a+3a-8=-\frac{5}{2}a+3a+4-8$

$=-\frac{5}{2}a+\frac{6}{2}a-4=\frac{1}{2}a-4$

**2** (2) $6\times\frac{1}{6}y=6\times\frac{1}{6}\times y=1\times y=y$

(3) $15x\div 5=\frac{15x}{5}=3x$

(4) $3m\div 18=\frac{3m}{18}=\frac{m}{6}$

または，$3m\times\frac{1}{18}=3\times\frac{1}{18}\times m=\frac{1}{6}m$

**3** (1) $7(x+2)=7\times x+7\times 2=7x+14$

(2) $(4x-1)\times(-2)=4x\times(-2)+(-1)\times(-2)$

$=-8x+2$

(5) $(35x-28)\div 7=(35x-28)\times\frac{1}{7}=5x-4$

(6) $\frac{3x+8}{2}\times 4=(3x+8)\times 2=6x+16$

**4** (1) $(7a-4)+(9a+1)=7a-4+9a+1$

$=7a+9a-4+1=16a-3$

(2) $(6x-5)-(-3x+8)=6x-5+3x-8$

$=6x+3x-5-8=9x-13$

**5** (1) $2(4x-10)+3(2x+9)=8x-20+6x+27$

$=14x+7$

(2) $5(-2x+1)-3(3x-1)=-10x+5-9x+3$

$=-19x+8$

## p.17 予想問題 ❶

**1** (1) 項… $3a$, $-5$　$a$の係数… $3$

(2) 項… $-2x$, $\frac{1}{3}$　$x$の係数… $-2$

**2** (1) $11a$　(2) $-b$

(3) $a+1$　(4) $\frac{3}{4}b-3$

**3** (1) $-6x$　(2) $-16y$

(3) $-2.4a$　(4) $\frac{3}{2}x$

(5) $24a-56$　(6) $-2m+5$

(7) $-x+\frac{1}{2}$　(8) $-10x+9$

**4** (1) $-2a$　(2) $-\frac{b}{2}$ または $-\frac{1}{2}b$

(3) $-15x$　(4) $-\frac{12}{7}y$

(5) $-4a+17$　(6) $-5m+1$

(7) $-24a+30$　(8) $45x+10$

### 解説

**1** (1) $3a-5=\underline{3a}+(\underline{-5})$　$3a=\underline{3}\times a$

(2) $-2x=\underline{-2}\times x$

**2** (1) $4a+7a=(4+7)a=11a$

(2) $8b-9b=(8-9)b=-b$

(3) $5a-2-4a+3=5a-4a-2+3=a+1$

(4) $\frac{b}{4}-3+\frac{b}{2}=\frac{b}{4}+\frac{b}{2}-3=\frac{b}{4}+\frac{2b}{4}-3$

$=\frac{3b}{4}-3$

**3** (6) $-(2m-5)=(-1)\times(2m-5)$ と考える。

(8) $-12\left(\frac{5}{6}x-\frac{3}{4}\right)=-12\times\frac{5}{6}x-12\times\left(-\frac{3}{4}\right)$

$=-10x+9$

**4** (5) $(20a-85)\div(-5)=(20a-85)\times\left(-\frac{1}{5}\right)$

$=20a\times\left(-\frac{1}{5}\right)+(-85)\times\left(-\frac{1}{5}\right)=-4a+17$

**別解** $(20a-85)\div(-5)=\frac{20a-85}{-5}$

$=\frac{20a}{-5}+\frac{-85}{-5}=-4a+17$

(7) $(-18)\times\frac{4a-5}{3}=(-6)\times(4a-5)$

$=-24a+30$

## p.18 予想問題 ❷

**1** (1) $-x-1$　(2) $-5x$

(3) $5x$　(4) $-8x-7$

(5) $3a-4$　(6) $2a-17$

**2** 和… $3x-2$　差… $15x+4$

**3** (1) $12x-23$　(2) $8x-7$

**4** (1) $3n+1$(本)　(2) 31 本

### 解説

**1** (1) $(3x+6)+(-4x-7)=3x+6-4x-7$

$=3x-4x+6-7$

$=-x-1$

(2) $(-2x+4)-(3x+4)=-2x+4-3x-4$

$=-2x-3x+4-4$

$=-5x$

(3) $(7x-4)+(-2x+4)=7x-4-2x+4$

$=7x-2x-4+4$

$=5x$

(4) $(-4x-5)-(4x+2)=-4x-5-4x-2$

$=-4x-4x-5-2$

$=-8x-7$

(5) $(5a-7)+(-2a+3)=5a-7-2a+3$

$=5a-2a-7+3$

$=3a-4$

(6) $(-3a-8)-(-5a+9)=-3a-8+5a-9$

$=-3a+5a-8-9$

$=2a-17$

**2** 和…$(9x+1)+(-6x-3)=9x+1-6x-3$

$=9x-6x+1-3=3x-2$

差…$(9x+1)-(-6x-3)=9x+1+6x+3$

$=9x+6x+1+3=15x+4$

**3** (1) $-2(4-3x)+3(2x-5)$

$=-8+6x+6x-15$

$=6x+6x-8-15=12x-23$

(2) $\frac{1}{3}(6x-12)+\frac{3}{4}(8x-4)$

$=2x-4+6x-3=2x+6x-4-3=8x-7$

**4** (1) 左端の 1 本を別に考えると，あとは 3 本ずつ増えているのがわかるので，正方形を $n$ 個つくるときのマッチ棒の数は $3n+1$(本)と表すことができる。

(2) ここでは，$n$ が 10 だから，必要なマッチ棒の本数は $3\times10+1=31$(本)

## p.19 予想問題 ❸

**1** (1) 11本

(2) ① 2　② $2n+1$

(3) 61本

**2** (1) $2x+3>15$　(2) $8a<100$

(3) $6x \geqq 3000$　(4) $2a=3b$

(5) $\frac{3}{10}x<y$　(6) $50=8a+b$

解説

**1** (1) 5個の正三角形をつくるのに必要なマッチ棒は，左端の1本に2本のまとまりが増えていくと考えると，

$1+2\times5=11$（本）

(2) $n$ 個の正三角形をつくるのに必要なマッチ棒の本数は，次のようになる。

(左端の1本)+(2本のまとまり)×$n$

$=1+2\times n=2n+1$

別解 正三角形1個でマッチ棒3本使い，2個目以降は2本のまとまりで増えていくと考えると，

$3+2\times(n-1)=3+2n-2$

$=2n+1$

(3) $2n+1$ に $n=30$ を代入して，

$2\times30+1=61$（本）

**2** ポイント 等式は「＝」を使って表す。

不等式は「＜，＞，≦，≧」を使って表す。

$a$ は $b$ より小さい…$a<b$

$a$ は $b$ より大きい…$a>b$

$a$ は $b$ 以下である…$a \leqq b$

$a$ は $b$ 以上である…$a \geqq b$

$a$ は $b$ 未満である…$a<b$

(1) $x\times2+3>15$

(2) $a\times8<100$

(3) $x\times6\geqq3000$

(4) $a\times2=b\times3$

(5) ポイント 1％は $\frac{1}{100}$ と表せるから，果汁30％のジュース $x$ mLにふくまれている果汁の量は $x\times\frac{30}{100}=\frac{3}{10}x$ (mL) である。

(6) 配ったりんごの数は，$a\times8=8a$ だから，りんごの総数は $8a+b$（個）になる。

※$50-8a=b$ という等式でもよい。

## p.20～p.21 章末予想問題

**1** (1) $-2ab-5$　(2) $3x-\frac{y^2}{2}$

(3) $\frac{a(b+c)}{4}$　(4) $\frac{a^2c}{3b}$

**2** (1) $\frac{x}{12}$ 円　(2) $5a-b$

(3) $2(x+y)$ cm　(4) $\frac{2}{25}a$ (kg)

(5) $a-7b$ (m)　(6) $ab$ (m)

**3** みかん2個とりんご2個の代金の合計

**4** (1) 54　(2) $-\frac{5}{2}$

**5** (1) $3x-2$　(2) $-\frac{3}{2}a-\frac{1}{3}$

(3) $-\frac{7}{6}a-\frac{3}{4}$　(4) $-16x+12$

(5) $-9x+4$　(6) $-6x+1$

**6** (1) $2x=x+6$　(2) $x-10+y\leqq25$

解説

**4** (1) $3x+2x^2=3\times(-6)+2\times(-6)^2$

$=-18+72=54$

(2) $\frac{x}{2}-\frac{3}{x}=\frac{-6}{2}-\frac{3}{-6}=-3-\left(-\frac{1}{2}\right)=-\frac{5}{2}$

**5** (2) $\frac{1}{2}a-1-2a+\frac{2}{3}=\frac{1}{2}a-2a-1+\frac{2}{3}$

$=\frac{1}{2}a-\frac{4}{2}a-\frac{3}{3}+\frac{2}{3}=-\frac{3}{2}a-\frac{1}{3}$

(3) $\left(\frac{1}{3}a-2\right)-\left(\frac{3}{2}a-\frac{5}{4}\right)=\frac{1}{3}a-2-\frac{3}{2}a+\frac{5}{4}$

$=\frac{1}{3}a-\frac{3}{2}a-2+\frac{5}{4}=\frac{2}{6}a-\frac{9}{6}a-\frac{8}{4}+\frac{5}{4}$

$=-\frac{7}{6}a-\frac{3}{4}$

(4) $\frac{4x-3}{7}\times(-28)=(4x-3)\times(-4)$

$=-16x+12$

(5) $(-63x+28)\div7=(-63x+28)\times\frac{1}{7}$

$=-63x\times\frac{1}{7}+28\times\frac{1}{7}=-9x+4$

(6) $2(3x-7)-3(4x-5)=6x-14-12x+15$

$=-6x+1$

**6** (2) 「以下」だから，不等号「≦，≧」を使う。

## 3章　1次方程式

### p.23　テスト対策問題

**1** (1) ① 11　② 15　③ 19　④ 23

(2) ③

**2** (1) ① 6　② 6　③ 6　④ 19

(2) ① 4　② 4　③ 4　④ −12

**3** (1) $x=9$　(2) $x=-3$

(3) $x=8$　(4) $x=\frac{5}{6}$

(5) $x=5$　(6) $x=-5$

(7) $x=-3$　(8) $x=\frac{5}{3}$

(9) $x=-1$　(10) $x=2$

**解説**

**1** (2) (1)の計算結果が，右辺の 19 になるものが答えになる。

**2** (1) 等式の性質ではなく，移項の考え方で解くこともできる。

$x-6=13$
$x=13+6$　−6 を右辺に移項する
$x=19$

**3** **ポイント** 方程式を解くときは，$x$ をふくむ項を左辺に，数の項を右辺に移項して，$ax=b$ の形にしていく。

(1) $x+4=13$　$x=13-4$　$x=9$

(2) $x-2=-5$　$x=-5+2$　$x=-3$

(3) $3x-8=16$　$3x=16+8$　$3x=24$　$x=8$

(4) $6x+4=9$　$6x=9-4$　$6x=5$　$x=\frac{5}{6}$

(5) $x-3=7-x$　$x+x=7+3$　$2x=10$　$x=5$

(6) $6+x=-x-4$　$x+x=-4-6$　$2x=-10$　$x=-5$

(7) $4x-1=7x+8$　$4x-7x=8+1$　$-3x=9$　$x=-3$

(8) $5x-3=-4x+12$　$5x+4x=12+3$　$9x=15$　$x=\frac{5}{3}$

(9) $8-5x=4-9x$　$-5x+9x=4-8$　$4x=-4$　$x=-1$

(10) $7-2x=4x-5$　$-2x-4x=-5-7$　$-6x=-12$　$x=2$

### p.24　予想問題 ❶

**1** (1) −1　(2) 2　(3) 0

(4) 1

**2** ㋐，㋓

**3** (1) ① −　② −　③ −6

④ [2]

(2) ① 3　② 3　③ 4

④ [4]

(3) ① $+3x$　② $+3x$　③ $x$

④ [1]

(4) ① $\frac{2}{3}$　② $\frac{2}{3}$　③ 4

④ [3]

**解説**

**1** **ポイント** 左辺と右辺それぞれに与えられた値を代入して，両辺の値が等しくなれば，代入した値はその方程式の解といえる。

(4) [−2] 左辺 $=4\times(-2-1)=-12$
右辺 $=-(-2)+1=3$

[−1] 左辺 $=4\times(-1-1)=-8$
右辺 $=-(-1)+1=2$

[0] 左辺 $=4\times(0-1)=-4$
右辺 $=-0+1=1$

[1] 左辺 $=4\times(1-1)=0$
右辺 $=-1+1=0$

[2] 左辺 $=4\times(2-1)=4$
右辺 $=-2+1=-1$

**2** 解が 2 だから，$x$ に 2 を代入して，左辺＝右辺 となるものを見つける。

㋐ 左辺 $=2-4=-2$
右辺 $=-2$

㋑ 左辺 $=3\times2+7=13$
右辺 $=-13$

㋒ 左辺 $=6\times2+5=17$
右辺 $=7\times2-3=11$

㋓ 左辺 $=4\times2-9=-1$
右辺 $=-5\times2+9=-1$

より，㋐と㋓は 2 が解である。

**3** **ポイント** 等式の性質を利用して，方程式を解けるようにしておく。
等式の性質の[1][2]については，移項の考え方を利用することもできる。

## p.25 予想問題 ❷

**1** (1) $x=10$　(2) $x=7$
(3) $x=-8$　(4) $x=-\frac{5}{6}$
(5) $x=50$　(6) $x=-6$
(7) $x=5$　(8) $x=-7$
(9) $x=-4$　(10) $x=2$
(11) $x=9$　(12) $x=-8$
(13) $x=-6$　(14) $x=\frac{1}{4}$
(15) $x=3$　(16) $x=6$
(17) $x=7$　(18) $x=-7$

**解説**

**1** (1) $x-7=3$　$x=3+7$　$x=10$
(2) $x+5=12$　$x=12-5$　$x=7$
(3) $-4x=32$　$-4x\times\left(-\frac{1}{4}\right)=32\times\left(-\frac{1}{4}\right)$
$x=-8$
別解 両辺を $-4$ でわると考えてもよい。
(5) $\frac{1}{5}x=10$　$\frac{1}{5}x\times5=10\times5$　$x=50$
(7) $3x-8=7$　$3x=7+8$　$3x=15$　$x=5$
(8) $-x-4=3$　$-x=3+4$　$-x=7$　$x=-7$
(9) $9-2x=17$　$-2x=17-9$　$-2x=8$
$x=-4$
(10) $6=4x-2$　$-4x=-2-6$　$-4x=-8$
$x=2$
(11) $4x=9+3x$　$4x-3x=9$　$x=9$
(12) $7x=8+8x$　$7x-8x=8$　$-x=8$
$x=-8$
(13) $-5x=18-2x$　$-5x+2x=18$
$-3x=18$　$x=-6$
(14) $5x-2=-3x$　$5x+3x=2$　$8x=2$
$x=\frac{1}{4}$
(15) $6x-4=3x+5$　$6x-3x=5+4$
$3x=9$　$x=3$
(16) $5x-3=3x+9$　$5x-3x=9+3$
$2x=12$　$x=6$
(17) $8-7x=-6-5x$　$-7x+5x=-6-8$
$-2x=-14$　$x=7$
(18) $2x-13=5x+8$　$2x-5x=8+13$
$-3x=21$　$x=-7$

## p.27 テスト対策問題

**1** (1) $x=3$　(2) $x=5$
(3) $x=2$　(4) $x=3$
(5) $x=-2$　(6) $x=33$

**2** (1) $x=14$　(2) $x=4$
(3) $x=\frac{21}{4}$　(4) $x=19$

**3** (1) ① $80(12+x)$　② $240x$
③ $12+x$
(2) $80(12+x)=240x$
(3) 8時18分　(4) できない。

**解説**

**1** (1) $2x-3(x+1)=-6$　$2x-3x-3=-6$
$2x-3x=-6+3$　$-x=-3$　$x=3$
(2) $0.7x-1.5=2$ は係数が小数だから，両辺に 10 をかけてから解く。　$7x-15=20$
$7x=20+15$　$7x=35$　$x=5$
(3) 両辺に 10 をかけて，$13x-30=2x-8$
$11x=22$　$x=2$
(4) 両辺に 10 をかけて，$4(x+2)=20$
$4x+8=20$　$4x=12$　$x=3$
(5) $\frac{1}{3}x-2=\frac{5}{6}x-1$ の両辺に分母の最小公倍数の 6 をかけて，$2x-12=5x-6$
$2x-5x=-6+12$　$-3x=6$　$x=-2$
(6) 両辺に 12 をかけて，$4(x-3)=3(x+7)$
$4x-12=3x+21$　$x=33$

**2** ポイント 比例式の性質
$a:b=c:d$ ならば $ad=bc$ を利用する。
(1) $x:8=7:4$ より，$4x=56$ だから，$x=14$
(2) $3:x=9:12$ より，$36=9x$ だから，$x=4$
(3) $2:7=\frac{3}{2}:x$ より，$2x=\frac{21}{2}$ だから，$x=\frac{21}{4}$
(4) $5:2=(x-4):6$ より，
$30=2(x-4)$ だから，$x=19$

**3** (3) $80(12+x)=240x$　$960+80x=240x$
$80x-240x=-960$　$-160x=-960$
$x=6$　$12+6=18$ (分)
(4) $80(16+x)=240x$　$1280+80x=240x$
$80x-240x=-1280$　$-160x=-1280$
$x=8$　$240\times8=1920$ (m) 進んだときに，追いつくことになる。

## p.28 予想問題 ❶

**1** (1) $x=-6$　(2) $x=1$
(3) $x=-3$　(4) $x=-7$

**2** (1) $x=8$　(2) $x=-4$
(3) $x=-4$　(4) $x=-6$

**3** (1) $x=-6$　(2) $x=6$
(3) $x=-5$　(4) $x=\frac{7}{4}$

**4** (1) $x=-1$　(2) $x=8$

**5** $a=-3$

### 解説

**1** (1) $3(x+8)=x+12$　$3x+24=x+12$
$3x-x=12-24$　$2x=-12$　$x=-6$
(2) $2+7(x-1)=2x$　$2+7x-7=2x$
$7x-2x=-2+7$　$5x=5$　$x=1$
(3) $2(x-4)=3(2x-1)+7$
$2x-8=6x-3+7$　$2x-8=6x+4$
$2x-6x=4+8$　$-4x=12$　$x=-3$
(4) $9x-(2x-5)=4(x-4)$
$9x-2x+5=4x-16$　$7x+5=4x-16$
$7x-4x=-16-5$　$3x=-21$　$x=-7$

**2** (1) 10 をかけて，$7x-23=33$　$7x=56$
$x=8$
(2) 100 をかけて，$18x+12=-60$
$18x=-72$　$x=-4$
(3) 100 をかけて，$100x+350=25x+50$
$100x-25x=50-350$　$75x=-300$
$x=-4$
(4) 10 をかけて，$6x-20=10x+4$
$6x-10x=4+20$　$-4x=24$　$x=-6$

**3** (1) 6 をかけて，$4x=3x-6$　$x=-6$
(2) 4 をかけて，$2x-4=x+2$　$x=6$
(3) 6 をかけて，$2x-18=5x-3$　$-3x=15$
$x=-5$
(4) 30 をかけて，$6x-5=10x-12$　$-4x=-7$
$x=\frac{7}{4}$

**4** (1) 6 をかけて，$3(x-1)=2(4x+1)$
$3x-3=8x+2$　$-5x=5$　$x=-1$
(2) 10 をかけて，$5(3x-2)=2(6x+7)$
$15x-10=12x+14$　$3x=24$　$x=8$

**5** $x$ に 2 を代入して，$4+a=7-6$ より，$a=-3$

## p.29 予想問題 ❷

**1** (1) $x=10$
(2) $x=3$

**2** (1) ① $4x$　② 13　③ $5x$
④ 15
(2) $4x+13$（枚）
$5x-15$（枚）
(3) 方程式…$4x+13=5x-15$
人数… 28 人
枚数… 125 枚

**3** 方程式… $5x-12=3x+14$
ある数… 13

**4** 方程式… $45+x=2(13+x)$
19 年後

**5** 方程式…$\frac{x}{2}+\frac{x}{3}=4$
道のり… $\frac{24}{5}$ km

### 解説

**1** (1) $x:6=5:3$ より，$x\times3=6\times5$
$3x=30$　$x=10$
(2) $1:2=4:(x+5)$ より，$1\times(x+5)=2\times4$
$x+5=8$　$x=3$

**2** (3) $4x+13=5x-15$　$4x-5x=-15-13$
$-x=-28$　$x=28$
画用紙の枚数…$4\times28+13=125$（枚）

**3** $5x-12=3x+14$　$5x-3x=14+12$
$2x=26$　$x=13$

**4** $45+x=2(13+x)$　$45+x=26+2x$
$x-2x=26-45$　$-x=-19$　$x=19$

**5** 表にして整理する。

| | 行き（山のふもとから山頂） | 帰り（山頂から山のふもと） |
|---|---|---|
| 道のり (km) | $x$ | $x$ |
| 速さ (km/h) | 2 | 3 |
| 時間 (h) | $\frac{x}{2}$ | $\frac{x}{3}$ |

$\frac{x}{2}+\frac{x}{3}=4$　6 をかけて，$3x+2x=24$
$5x=24$　$x=\frac{24}{5}$

## p.30～p.31 章末予想問題

**1** (1) × (2) ○ (3) × (4) ○

**2** (1) $x=7$ (2) $x=4$
(3) $x=-3$ (4) $x=6$
(5) $x=13$ (6) $x=-2$
(7) $x=-18$ (8) $x=2$

**3** (1) $x=6$ (2) $x=36$
(3) $x=5$ (4) $x=8$

**4** $a=2$

**5** (1) $5x+8=6(x-1)+2$
(2) 長いす… 12 脚　生徒… 68 人

**6** (1) $(360-x):(360+x)=4:5$
(2) 40 mL

**解説**

**1** 与えられた $x$ の値を方程式の左辺と右辺に代入して両辺の値が等しくなるか調べる。

**2** (4) 10 をかけて，$4x+30=10x-6$　$x=6$
(5) かっこをはずして，$5x+25=10-24+8x$
$5x-8x=10-24-25$　$-3x=-39$　$x=13$
(6) 10 をかけて，$6(x-1)=34x+50$
$6x-6=34x+50$　$6x-34x=50+6$
$-28x=56$　$x=-2$
(7) 24 をかけて，$16x-6=15x-24$　$x=-18$
(8) 12 をかけて，$4(x-2)-3(3x-2)=-12$
$4x-8-9x+6=-12$　$-5x=-10$　$x=2$

**3** (1) $2x=12$　$x=6$
(2) $9\times32=8x$　$x=36$
(3) $2x=10$　$x=5$
(4) $3(x+2)=30$　$3x+6=30$　$3x=24$　$x=8$

**4** 両辺に 2 をかけてから，$x$ に 4 を代入する。
$2x-(3x-a)=-2$ より，$8-(12-a)=-2$
$8-12+a=-2$　$a=2$
**別解** 先に $x$ に 4 を代入すると，
$4-\frac{3\times4-a}{2}=-1$　$4-\left(\frac{12}{2}-\frac{a}{2}\right)=-1$ より，$a=2$

**5** (1) 生徒の人数は，
5 人ずつだと 8 人すわれない → $5x+8$ (人)
6 人ずつだと最後の 1 脚は 2 人 → $6(x-1)+2$ (人)
と表せる。6 人ずつすわる長いすの数は $(x-1)$ 脚になることに注意する。

**6** (2) 比例式の性質を使うと，
$5(360-x)=4(360+x)$ より，$x=40$

## 4章　量の変化と比例，反比例

## p.33 テスト対策問題

**1** (1) $-4\leqq x\leqq3$
(2) $0<x<7$

**2** (1) $y=80x$　比例定数… 80
(2) $y=3x$　比例定数… 3

**3** A(2, 2)　B(0, 4)
C(−4, −2)　D(4, −4)

**4**

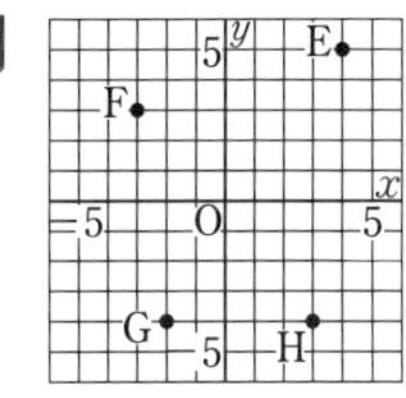


**5**

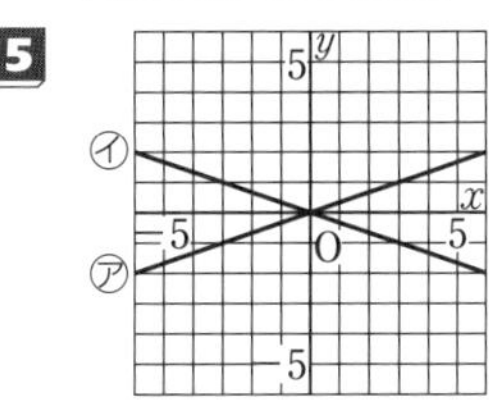


**解説**

**1** **注意** 変域は不等号「<，>，≦，≧」を使って表す。$a$ は $b$ より小さい…$a<b$
$a$ は $b$ より大きい…$a>b$
$a$ は $b$ 以下である…$a\leqq b$
$a$ は $b$ 以上である…$a\geqq b$
$a$ は $b$ 未満である…$a<b$

**2** **ポイント** 比例定数は，比例では $y=ax$ の形で表された式の $a$ のことである。

**4** (4, 5) で表される座標は，左側の数字が $x$ 座標，右側の数字が $y$ 座標を表すから，
点 E は原点 O から右に 4，上に 5 だけ進んだところにある点を表す。

**5** **ポイント** 比例のグラフは原点以外に $x$ 座標が 1 の点か，$x$ 座標や $y$ 座標が整数となる点を 1 つ求めて，原点とその点を結ぶ直線をかく。

㋐ $y=\frac{1}{3}x$ に $x=3$ を代入すると，
$y=\frac{1}{3}\times3=1$ より，原点と点 (3, 1) を結ぶ直線をかく。

㋑ $y=-\frac{1}{3}x$ に $x=-3$ を代入すると，
点 (−3, 1) を通ることがわかる。

## p.34 予想問題 ❶

**1** ㋐，㋑，㋒，㋔

**2** (1) $-2<x<5$

(2) $-6 \leqq x<4$

**3** (1) ① 54　② 72　③ 90

(2) 2倍，3倍，4倍になる。

(3) $y=6x$

(4) いえる。

**4** (1) $y=8x$　比例定数… 8

(2) $y=45x$　比例定数… 45

(3) $y=70x$　比例定数… 70

### 解説

**1** ポイント　$y$ が $x$ の関数であるかは，$x$ の値を決めると，それに対応して $y$ の値がただ1つ決まるかどうかで判断する。関係式は次のようになる。

㋐ $y=\frac{5}{2}x$　㋑ $y=x^2$　㋒ $y=4x$

㋓ 関係式は成立しない。　㋔ $y=3.14x^2$

**3** (1) $x=0$，$y=0$ のときを除いて，$x$ と $y$ の値の関係を考えると，$18 \div 3=6$，$36 \div 6=6$ になっていることを利用する。

① $9 \times 6=54$

② $12 \times 6=72$

③ $15 \times 6=90$

(2) $x=0$，$y=0$ のときを除くと $x$ の値が2倍になると $y$ の値も2倍になり，$x$ の値が3倍，4倍，…になると $y$ の値も3倍，4倍，…になる。

(3) (1)より，$y=6x$

別解　長方形の面積は，(縦)×(横) で求められるから，$6 \times x=y$ すなわち $y=6x$

(4) $y=ax$ の形で表されているので，比例するといえる。

**4** ポイント　$y=ax$ の形で表されるときの $a$ の値が比例定数である。

(1) (長方形の面積)=(縦)×(横) より，$y=x \times 8$ だから $y=8x$

(2) (1 m の値段)×(買った針金の長さ)=(代金) より，$45 \times x=y$ だから　$y=45x$

(3) (道のり)=(速さ)×(時間) より，$y=70 \times x$ だから，$y=70x$

## p.35 予想問題 ❷

**1** (1) $y=6$

(2) $y=2x$

(3) いえる。

(4) 6分40秒後

**2** (1) A(4，6)

B(−7，3)

C(−5，−7)

D(0，−3)

(2)

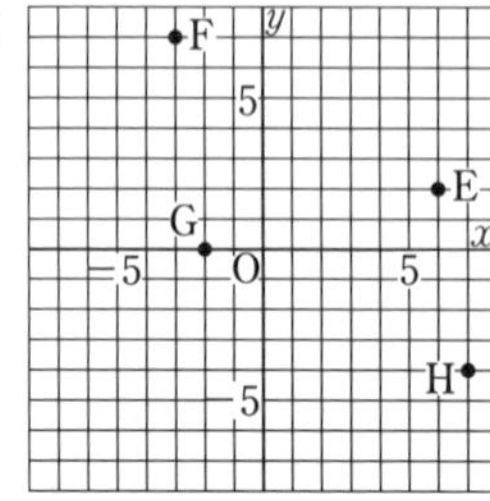


**3** (1)

(2)

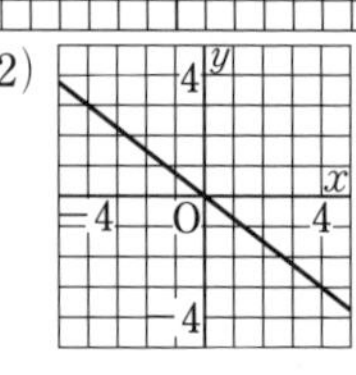


(3)

(4)

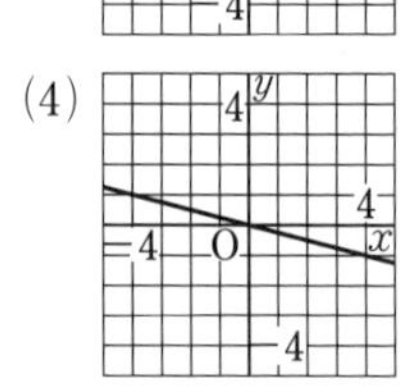


### 解説

**1** (4) (2)で求めた $y=2x$ に，$y=800$ を代入すると，$800=2x$　$x=400$ より，400秒後，すなわち，6分40秒後。

**3** ポイント　グラフをかくときは原点以外にもう1点の座標を求めて，原点とその点を結ぶ直線をひけばよい。グラフをかくための座標は整数になる点を選ぶ。$y=ax$ の $a$ が分数のときは分母の数字を $x$ 座標の値にするとよい。

(1) $y=\frac{2}{5}x$ に $x=5$ を代入すると，

$y=\frac{2}{5} \times 5=2$ より，原点と点(5，2)を結ぶ直線をかく。

(2) $y=-\frac{3}{4}x$ に $x=-4$ を代入すると，

点(−4，3)を通ることがわかる。

(3) $y=\frac{3}{2}x$ に $x=2$ を代入すると，

点(2，3)を通ることがわかる。

(4) $y=-\frac{1}{4}x$ に $x=4$ を代入すると，

点(4，−1)を通ることがわかる。

## p.37 テスト対策問題

**1** (1) ① $y=2x$ ② $y=-10$

(2) ① $y=-4x$ ② $y=20$

**2** $y=\frac{3}{4}x$

**3** (1) $y=\frac{40}{x}$

(2) 右の図

(3) $y=-\frac{12}{x}$

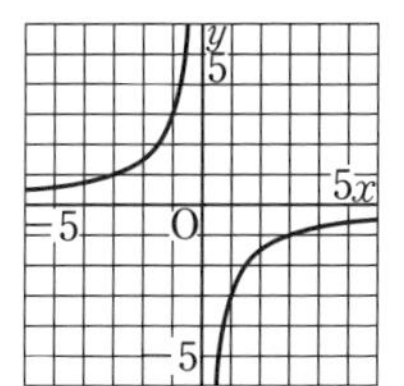


解説

**1** ポイント $y$ は $x$ に比例するので，$y=ax$ とおき，$x$，$y$ の値を代入して $a$ の値を求める。

(1) ① $x=3$，$y=6$ を代入すると，
$6=a\times3$ だから，$a=2$ となり $y=2x$

② $y=2x$ に $x=-5$ を代入すると，
$y=2\times(-5)=-10$

(2) ① $x=6$，$y=-24$ を代入すると，
$-24=a\times6$ だから，$a=-4$ となり，
$y=-4x$

② $y=-4x$ に $x=-5$ を代入すると，
$y=-4\times(-5)=20$

**2** 注意 読み取る点の座標は $x$，$y$ 座標ともに整数となる点を選ぶ。
ここでは (4, 3) を使って考えると，$y=ax$ の式に $x=4$，$y=3$ を代入すると，$3=a\times4$ より，$a=\frac{3}{4}$ だから，$y=\frac{3}{4}x$

**3** ミス注意！ 「$y$ を $x$ の式で表しなさい。」は「$y=\sim$」の形で表す。

(1) 毎分 $x$ L ずつ水を入れていくと $y$ 分間で満水の 40 L になるから，$xy=40$ の関係になるので，$y=\frac{40}{x}$

(2) ポイント 反比例のグラフは，$x$ 座標や $y$ 座標が整数となる点をできるだけ多くとって，なめらかな曲線をかく。ここでは，(1, −3)，(3, −1)，(−1, 3)，(−3, 1) の点をとって，曲線をかいていく。

(3) $y$ は $x$ に反比例するので，$y=\frac{a}{x}$ または，$xy=a$ と表せる。$x=4$，$y=-3$ を代入すると，$-3=\frac{a}{4}$ または，$4\times(-3)=a$ より，
$a=-12$ だから，$y=-\frac{12}{x}$

## p.38 予想問題 ❶

**1** (1) $y=4x$ (2) $y=-5x$

(3) $y=-6$ (4) $x=-\frac{4}{3}$

**2** (1) $y=3x$ (2) $y=-\frac{3}{2}x$

**3** (1) $y=\frac{21}{x}$ (2) 42 日間

(3) $\frac{3}{4}$ L

解説

**1** (1) ポイント 比例を表す式 $y=ax$ の $a$ が比例定数になる。
$y=ax$ に，$a=4$ を代入して $y=4x$

(2) $y$ は $x$ に比例するので，$y=ax$ と表される。$x=-4$，$y=20$ を代入すると，
$20=a\times(-4)$ より $a=-5$ だから，
$y=-5x$

(3) $y=ax$ に $x=6$，$y=9$ を代入すると，
$a=\frac{3}{2}$ $y=\frac{3}{2}x$ に $x=-4$ を代入すると，
$y=\frac{3}{2}\times(-4)=-6$

(4) $y=ax$ に $x=2$，$y=12$ を代入すると，
$a=6$ $y=6x$ に $y=-8$ を代入すると，
$-8=6\times x$ より $x=-\frac{8}{6}=-\frac{4}{3}$

**2** ポイント 比例のグラフなので，関係式は $y=ax$ と表される。読み取る点は座標の値が整数となる点を選ぶとよい。

(1) 点 (1, 3) を通っているので，
$y=ax$ に $x=1$，$y=3$ を代入すると，
$3=a\times1$ より $a=3$ だから，$y=3x$

(2) 点 (2, −3) を通っているので，
$y=ax$ に $x=2$，$y=-3$ を代入すると，
$-3=a\times2$ より $a=-\frac{3}{2}$ だから，$y=-\frac{3}{2}x$

**3** (1) 灯油の総量は $0.6\times35=21$ (L) だから，
関係式は $xy=21$ より，$y=\frac{21}{x}$ となる。

(2) $xy=21$ に $x=0.5$ を代入すると，
$0.5\times y=21$ $y=21\div0.5=42$

(3) $xy=21$ に $y=28$ を代入すると，
$x\times28=21$ $x=\frac{3}{4}$

## p.39 予想問題 ❷

**1** (1) (2)

**2** (1) $y=-\dfrac{20}{x}$ (2) $y=\dfrac{15}{x}$

(3) $y=-3$ (4) $y=\dfrac{6}{x}$

**3** (1) $y=3x$

(2) $0\leqq x\leqq 10$ $0\leqq y\leqq 30$

(3) 6 cm

### 解説

**1** $x$ 座標や $y$ 座標が整数となる点をできるだけ多くとって，なめらかな曲線でかく。

(1) (1, 8), (2, 4), (4, 2), (8, 1) を通る曲線と，(−1, −8), (−2, −4), (−4, −2), (−8, −1) を通る曲線をかく。

(2) (−1, 8), (−2, 4), (−4, 2), (−8, 1) を通る曲線と，(1, −8), (2, −4), (4, −2), (8, −1) を通る曲線をかく。

**2** (1) 反比例の比例定数は $y=\dfrac{a}{x}$ の $a$ のことだから，$a=-20$ より，$y=-\dfrac{20}{x}$

(2) $y=\dfrac{a}{x}$ または $xy=a$ に $x=-3$, $y=-5$ を代入すると，$-5=\dfrac{a}{-3}$ または，$(-3)\times(-5)=a$ より $a=15$ だから，$y=\dfrac{15}{x}$

(3) $y=-\dfrac{24}{x}$ に $x=8$ を代入する。

(4) グラフから，通る点 (1, 6), (2, 3), (3, 2), (6, 1) などを読み取って，$y=\dfrac{a}{x}$ に代入する。

**3** (1) $y=\dfrac{1}{2}\times x\times 6=3x$

(2) $x$ は 0 cm から 10 cm までの間を動く。$y$ は $x=10$ のとき $y=\dfrac{1}{2}\times 10\times 6=30$ より，0 cm$^2$ から 30 cm$^2$ の間の値をとる。

(3) $y=3x$ の式に，$y=18$ を代入する。

## p.40～p.41 章末予想問題

**1** (1) $y=\dfrac{1}{20}x$, ○

(2) $y=50-3x$, ×

(3) $y=\dfrac{300}{x}$, △

**2** (1) $y=3$ (2) $y=12$

**3** (1) (2)

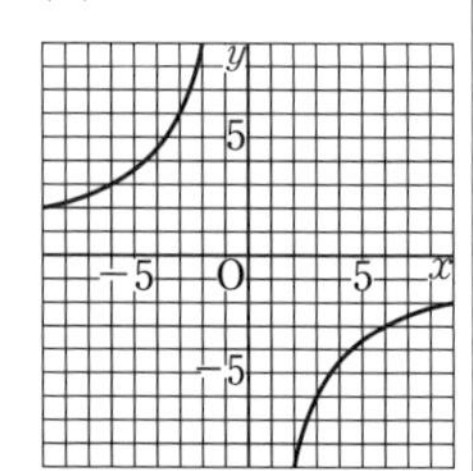

**4** (1) $y=\dfrac{720}{x}$ (2) 20 回転

(3) 48

**5** (1)

(2) 6 分後 (3) 450 m

### 解説

**1** ポイント $y=ax$ の形の式のとき，比例。
$y=\dfrac{a}{x}$ の形の式のとき，反比例。

**2** (1) $y=\dfrac{2}{3}x \rightarrow y=\dfrac{2}{3}\times 4.5=\dfrac{2}{3}\times\dfrac{9}{2}=3$

(2) $y=-\dfrac{24}{x} \rightarrow y=-\dfrac{24}{-2}=12$

**4** (1) かみ合う歯車では，(歯数)×(1 分間の回転数) は等しくなるので，$xy=40\times 18=720$

**5** (1) 1, 2, 3, …分後の進んだ道のりを計算して，時間を $x$，進んだ道のりを $y$ とする座標で表される点をとって，直線で結ぶ。

(2) 姉… $y=200x$ 妹… $y=150x$
$200x-150x=300$ より，$x=6$

(3) $y=200x$ の式に $y=1800$ を代入すると，$1800=200x$ より，$x=9$ だから，9 分後の妹は $150\times 9=1350$ (m) の地点にいるので，妹は図書館まであと $1800-1350=450$ (m) のところにいる。

## 5章　平面の図形

### p.43 テスト対策問題

**1** (1) $\overset{\frown}{AB}$

(2) 弦(弦AB)

(3) ∠COD　　$\angle a=60°$

(4) 垂直

(5) 直径

**2** (1) $\dfrac{7}{12}$倍

(2) $7\pi$ cm

(3) $21\pi$ cm$^2$

**3** 中心角 … 240°

面積 … $96\pi$ cm$^2$

解説

**1** (1) 弧ABを，記号で$\overset{\frown}{AB}$と表す。

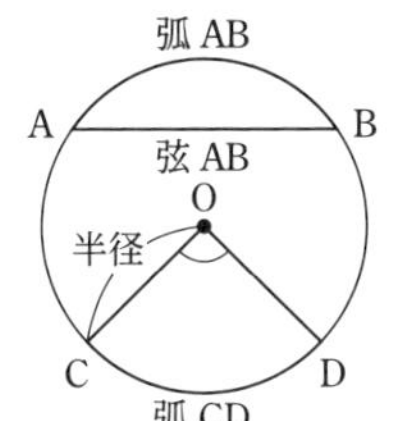


(4) 円の接線は，その接点を通る半径に垂直である。

(5) 円の中心を通る弦は直径になる。

**2** (1) 中心角で比べて，$\dfrac{210}{360}=\dfrac{7}{12}$(倍)

(2) $2\pi\times6\times\dfrac{7}{12}=7\pi$(cm)

(3) $\pi\times6^2\times\dfrac{7}{12}=21\pi$(cm$^2$)

**3** おうぎ形の中心角を$x°$とすると，おうぎ形の弧の長さの公式を使って，方程式をつくる。

$$2\pi\times12\times\frac{x}{360}=16\pi$$

$$\frac{\pi}{15}x=16\pi$$

$$x=240$$

別解 おうぎ形の中心角を$x°$とすると，半径12 cmの円周の長さは$2\pi\times12=24\pi$(cm) だから，

$$x=360\times\frac{16\pi}{24\pi}=240$$

おうぎ形の面積は，$\pi\times12^2\times\dfrac{240}{360}=96\pi$(cm$^2$)

### p.44 予想問題

**1** (1) 線分BP，線分AQ，線分BQ

(2) ① ＝　② ⊥　③ BM

④ 90°

**2** (1) 弧の長さ… $\dfrac{8}{3}\pi$ cm　面積… $\dfrac{32}{3}\pi$ cm$^2$

(2) 弧の長さ… $50\pi$ cm　面積… $750\pi$ cm$^2$

(3) 弧の長さ… $\dfrac{15}{2}\pi$ cm　面積… $\dfrac{45}{2}\pi$ cm$^2$

**3** 中心角… 288°　　面積… $320\pi$ cm$^2$

**4** 80°

### p.46 テスト対策問題

**1** (1)

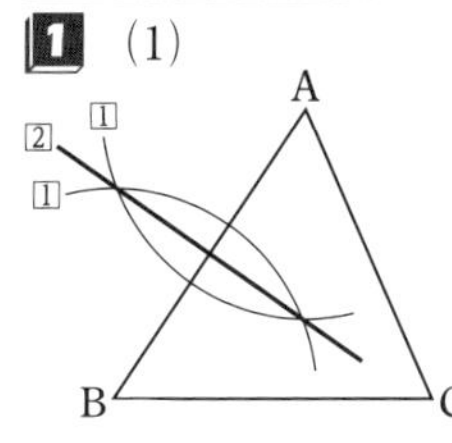


(2)

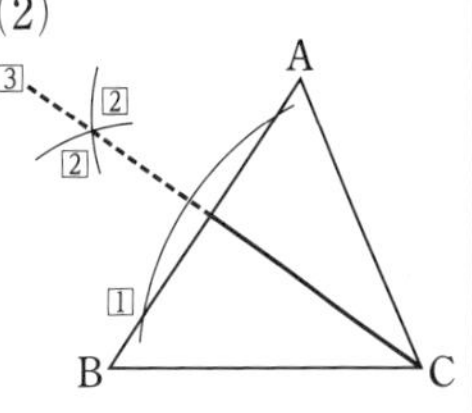


**2** (1)

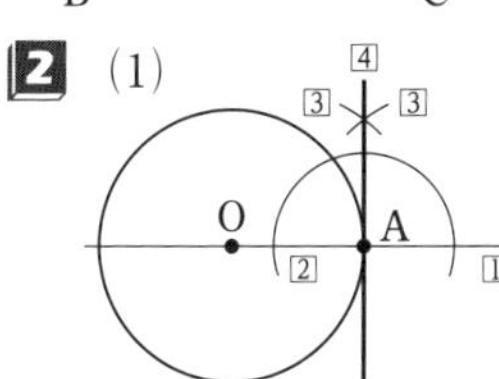


(2)

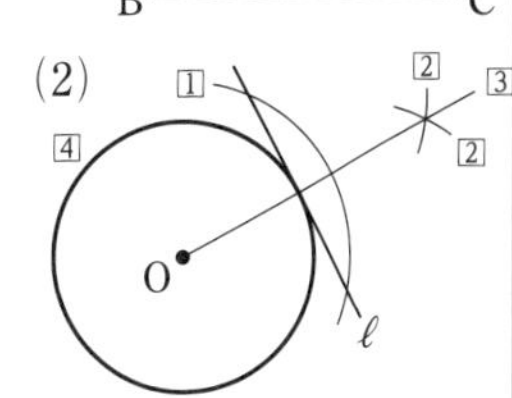


**3** (1)

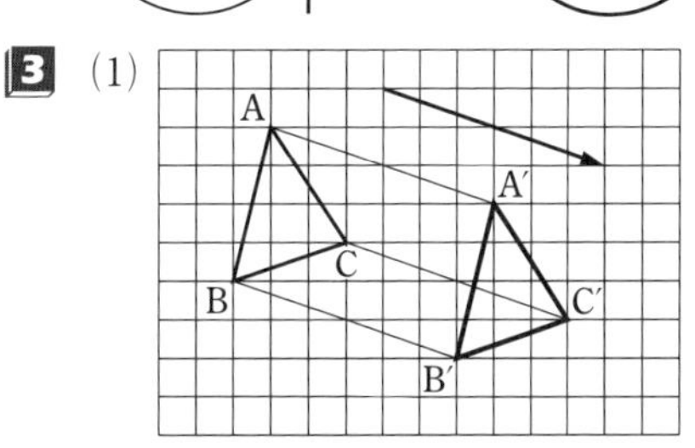


(2)

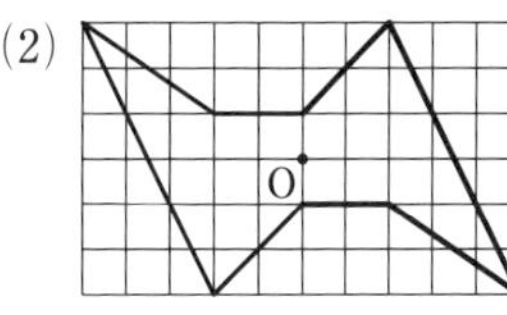


(3)

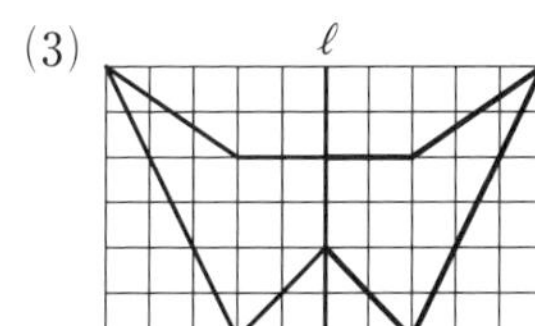


解説

**1** 注意 作図は定規とコンパスを使ってかく。作図でかいた線は消さずに残しておく。

## p.47 予想問題 ❶

**1** (1) **点D**　　(2) **点B**

**2** (1)

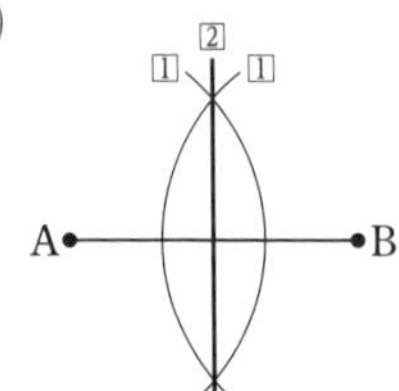


(2)

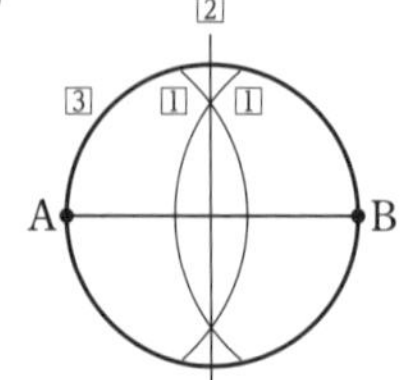


**3** (1)

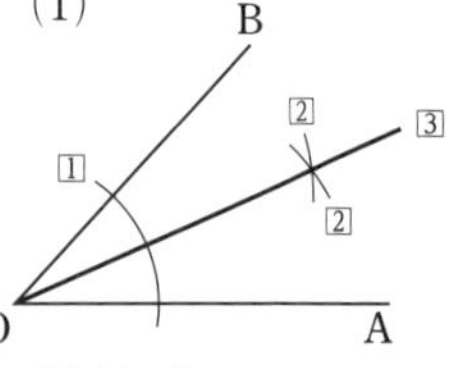


(2)

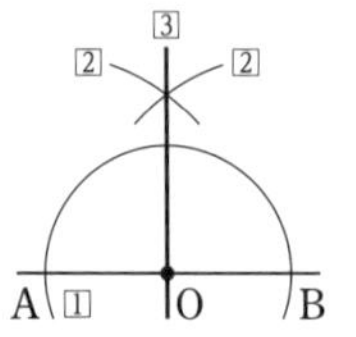


**4** (方法 1)

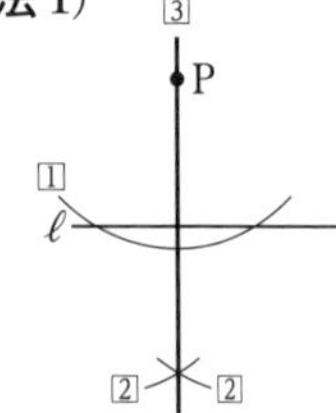


(方法 2)

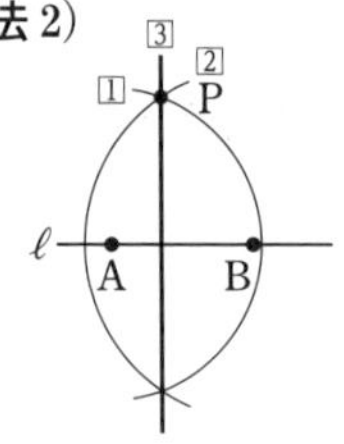


## p.48 予想問題 ❷

**1** (1)

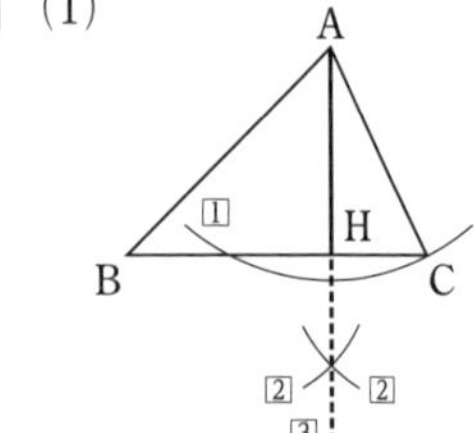


(2)

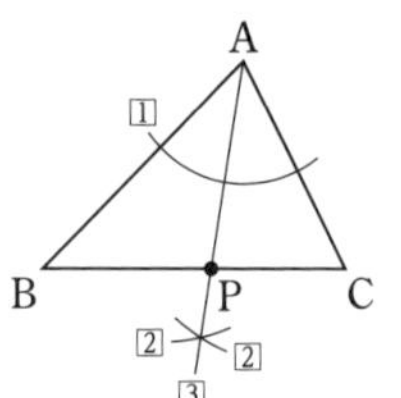


**2**

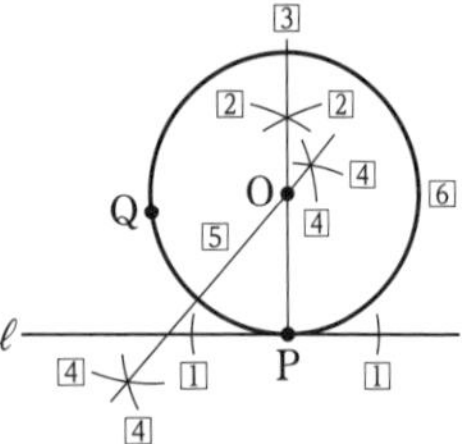


**3** (1)

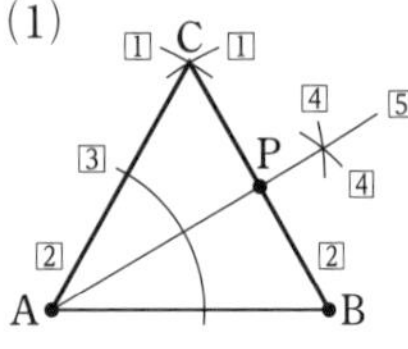


(2)

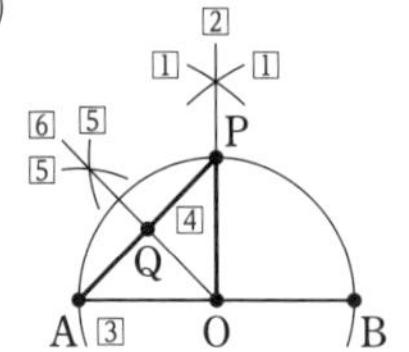


**解説**

**2** **ポイント** 円の接線は接点を通る半径に垂直だから，点Pを通る直線 ℓ の垂線と線分 PQ の垂直二等分線との交点が円の中心になる。

## p.49 予想問題 ❸

**1**

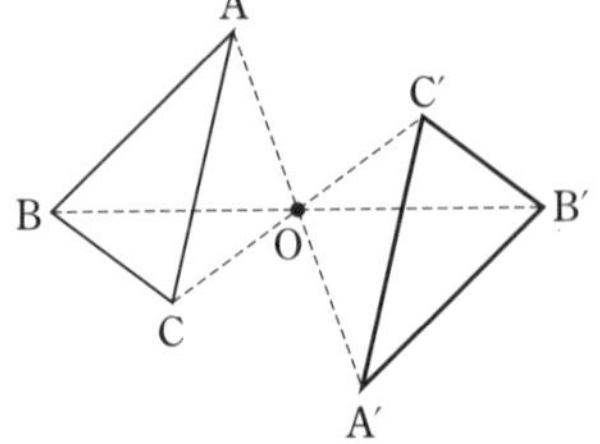


**2** (1)

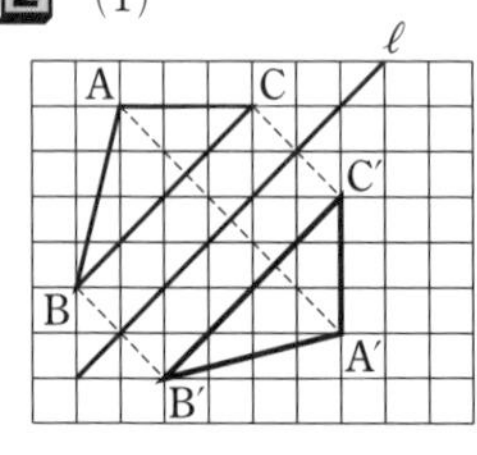


(2)

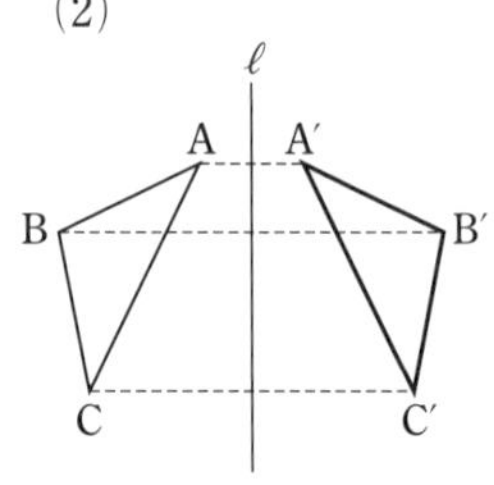


**3** (1) **線分 BE，線分 CF**

(2) **∠EDG，∠FDH**

(3) **辺 DE，辺 DG**

## p.50～p.51 章末予想問題

**1** (1) **辺 CB，∠BAD**

(2) **辺 CD，∠CAB**

(3) **AB∥DC，AD∥BC**

(4) **180°**

**2** (1) **弧の長さ…** $\frac{8}{5}\pi$ **cm**

**面積**　… $\frac{8}{5}\pi$ **cm²**

(2) **中心角**　… **270°**

**面積**　… **48π cm²**

**3** (1) **54°**

(2)

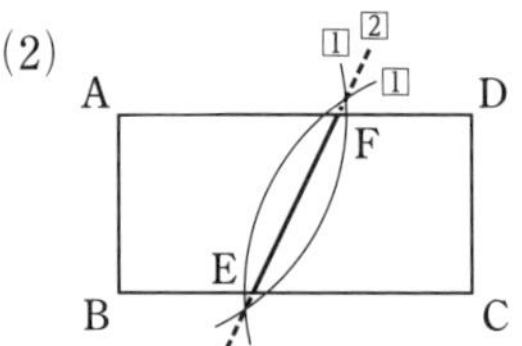


**4** (1)

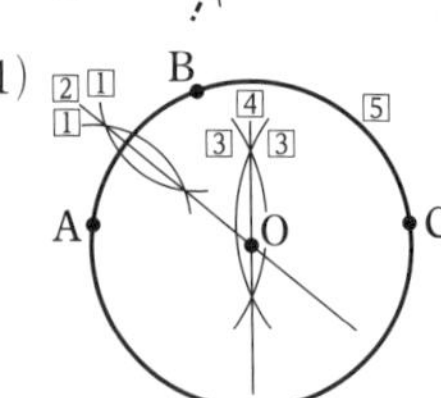


(2)

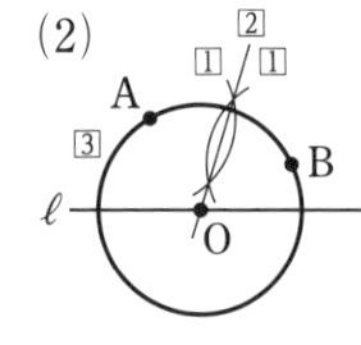

## 6章　空間の図形

### p.53 テスト対策問題

**1** (1) ① 角柱　② 三角柱
③ 四角柱　④ 円柱
(2) ① 角錐　② 三角錐
③ 四角錐　④ 円錐

**2** (1) 五角柱
(2) 七角形
(3) 正多面体とはいえない。
理由…3つの面が集まる頂点と，4つの面が集まる頂点があって，どの頂点にも面が同じ数だけ集まっているとはいえないから。

**3** (1) 直線 AE，直線 EF，直線 DH，直線 HG
(2) 平面 ABFE，平面 DGH
(3) 5本
(4) 平面 EFGH

**解説**

**2** (1) 角柱には底面が2つあるから，
七面体である角柱の側面の数は5になる。
よって，底面の形は五角形である。
(2) 角錐の底面は1つだから，
八面体である角錐の側面の数は7になる。
よって，底面の形は七角形である。
(3) ポイント　へこみがなく，どの面もすべて合同な正多角形で，どの頂点にも面が同じ数だけ集まっている立体を「正多面体」という。

**3** (1) 平面 AEHD，平面 EFGH は長方形だから，
EH⊥AE，EH⊥EF，EH⊥DH，EH⊥HG
(2) AD⊥AB，AD⊥AE より，
AD は AB，AE をふくむ平面 ABFE と垂直である。また，AD⊥DC，AD⊥DH より，
AD は DC，DH をふくむ平面 DCGH，
すなわち平面 DGH と垂直である。
(3) ポイント　ねじれの位置にある直線は，平行でなく交わらない直線を調べる。
直線 BD と平行でなく，交わらない直線は，
直線 AE，EF，FG，GH，HE の5本になる。
(4) 平面 ABCD と平行な平面を考える。

### p.54 予想問題 ❶

**1** (左から順に)
㋐ 5，五面体，三角形，長方形
㋑ 三角錐，四面体，三角形，6
㋒ 四角柱，6，六面体，長方形，12
㋓ 5，四角形，三角形，8
㋔ 円柱，円　㋕ 円錐，円

**2** (1) 直線 DC，直線 EF，直線 HG
(2) 平面 AEHD，平面 DCGH
(3) 平面 DCGH
(4) 直線 BF，直線 FG，直線 CG，直線 BC
(5) 直線 BC，直線 DC，直線 FG，直線 HG
(6) 直線 AD，直線 BC，直線 AE，直線 BF
(7) 平面 ABCD，平面 BFGC，
平面 EFGH，平面 AEHD

### p.55 予想問題 ❷

**1** ②，③，④，⑥

**2** (1) 平面 ADHE
(2) 直線 AD，直線 DH，直線 HE，直線 EA
(3) 直線 AB，直線 AE，直線 DC，直線 DH
(4) 直線 BF，直線 EF，直線 CG，直線 HG

**3** (1) 直線 ED，直線 GH，直線 KJ
(2) 平面 FLKE
(3) 平面 ABCDEF，平面 GHIJKL
(4) 直線 CI，直線 DJ，直線 EK，直線 FL，
直線 HI，直線 IJ，直線 KL，直線 LG
(5) 垂直 (AC⊥CI)

**解説**

**3** (1) 底面は正六角形だから，
四角形 ABDE，GHJK は長方形である。
(4) 直線 AB と直線 DC や直線 EF はそれぞれの辺をのばすと交わるので，ねじれの位置にはならない。
(5) 直線 AC をふくむ平面 ABCDEF と直線 CI をふくむ平面 CIHB (平面 CIJD) で考える。
角柱なので，底面と側面は垂直になっている。

## p.57 テスト対策問題

**1** (1) 三角柱　(2) 円錐
(3) 三角錐

**2** 横の長さ…$6\pi$ cm
表面積…$54\pi$ cm$^2$

**3** (1) 90°　(2) $16\pi$ cm$^2$

**4** (1) 120 cm$^2$　(2) $12\pi$ cm$^2$

**5** (1) 192 cm$^3$　(2) $147\pi$ cm$^3$

**解説**

**1** **ポイント** 立面図から「柱」か「錐」を判断する。

(3) 三角錐を右の図の㋐の方向から見ている。
㋑の方向から見ると右のような投影図になる。
実線や破線のひき方や底面の向きに注意する。

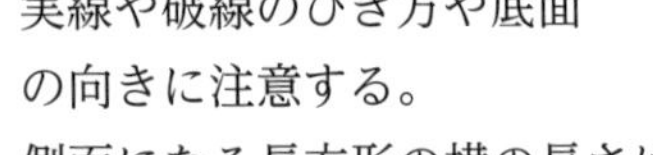

**2** 側面になる長方形の横の長さは，円柱の底面の円の円周の長さに等しい。

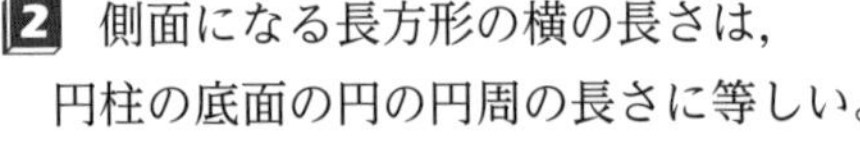

**3** **ポイント** 円錐の側面になるおうぎ形の弧の長さは，底面の円の円周の長さに等しい。

(1) 底面の円の円周は $2\pi\times2=4\pi$ (cm)
また，半径 8 cm の円の円周は
$2\pi\times8=16\pi$ (cm)
よって，弧の長さは円の円周の $\dfrac{4\pi}{16\pi}=\dfrac{1}{4}$
おうぎ形の弧の長さは中心角の大きさに比例するから，
求める中心角は $360°\times\dfrac{1}{4}=90°$

(2) おうぎ形の面積は，中心角の大きさに比例するから，$\pi\times8^2\times\dfrac{90}{360}=16\pi$ (cm$^2$)

**4** (1) 側面積　$(6\times7\div2)\times4=84$ (cm$^2$)
底面積　$6\times6=36$ (cm$^2$)
表面積　$84+36=120$ (cm$^2$)

(2) 側面積　$\pi\times4^2\times\dfrac{2\pi\times2}{2\pi\times4}=8\pi$ (cm$^2$)
底面積　$\pi\times2^2=4\pi$ (cm$^2$)
表面積　$8\pi+4\pi=12\pi$ (cm$^2$)

**5** (1) $\dfrac{1}{3}\times8\times8\times9=192$ (cm$^3$)

(2) $\dfrac{1}{3}\times\pi\times7^2\times9=147\pi$ (cm$^3$)

## p.58 予想問題 ❶

**1** (1) 立体…四角柱　切り口…長方形
(2) 立体…五角柱　切り口…長方形
(3) 立体…円柱　切り口…長方形

**2** (1) 母線
(2) (上から順に)
㋐ 円柱，長方形，円
㋑ 円錐，二等辺三角形，円
㋒ 球，円，円

**3**

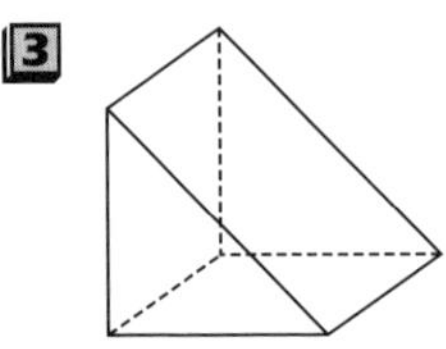

**解説**

**1** 角柱や円柱は，底面がそれと垂直な方向に動いてできた立体とも考えられる。

**2** **ポイント** (2) 回転体を，回転の軸をふくむ平面で切ると，切り口は回転の軸を対称軸とする線対称な図形になる。また，回転の軸に垂直な平面で切ると，切り口はすべて円になる。

## p.59 予想問題 ❷

**1** (1) 半径… 9 cm　中心角… 160°
(2) 弧の長さ… $8\pi$ cm　面積… $36\pi$ cm$^2$

**2** (1) 表面積… 132 cm$^2$　体積… 72 cm$^3$
(2) 表面積… 896 cm$^2$　体積… 1568 cm$^3$
(3) 表面積… $80\pi$ cm$^2$　体積… $96\pi$ cm$^3$
(4) 表面積… $96\pi$ cm$^2$　体積… $96\pi$ cm$^3$

**3** 表面積… $27\pi$ cm$^2$　体積… $18\pi$ cm$^3$

**解説**

**2** 表面積を求める式は，次のようになる。

(1) $6\times(8+5+5)+\dfrac{1}{2}\times8\times3\times2$

(2) $\dfrac{1}{2}\times14\times25\times4+14\times14$

(3) $6\times(2\pi\times4)+\pi\times4^2\times2$

(4) $\pi\times10^2\times\dfrac{2\pi\times6}{2\pi\times10}+\pi\times6^2$

**3** 1 回転させてできる立体は，半径 3 cm の球を半分に切った立体で，その表面積は，球の表面積の半分と切り口の円の面積の合計になる。

## p.60～p.61 章末予想問題

**1** (1) ㋖　(2) ㋒
(3) ㋐，㋕　(4) ㋓，㋗，㋘
(5) ㋐，㋑，㋒，㋓

**2** (1) 平面 BFGC，平面 EFGH
(2) 直線 CG，直線 DH
(3) 平面 ABCD，平面 EFGH
(4) 直線 AE，直線 BF，直線 CG，直線 DH
(5) 平面 ABCD，平面 EFGH
(6) 直線 CG，直線 DH，直線 FG，直線 GH，直線 HE

**3** ②，④，⑤

**4** (1) $12\ \mathrm{cm}^3$　(2) $100\pi\ \mathrm{cm}^3$

**5** $900\ \mathrm{cm}^3$

**6** 表面積… $48\pi\ \mathrm{cm}^2$　体積… $48\pi\ \mathrm{cm}^3$

解説

**3** ②，④，⑤は，どんな場合でも成り立つ。
① 交わらない 2 直線がねじれの位置にあるときは，平行ではない。
③ 1 つの直線に垂直な 2 直線が交わるときやねじれの位置にあるときは，平行ではない。
⑥ 平行な 2 平面上の直線がねじれの位置にあるときは，平行ではない。

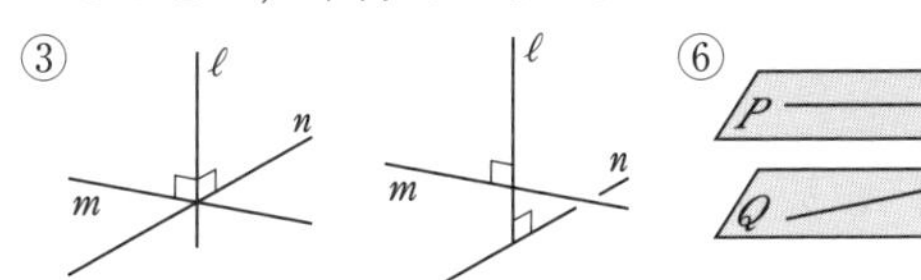


**4** (1) 底面は直角をはさむ 2 辺が 3 cm と 4 cm の直角三角形で，高さが 2 cm の三角柱だから，
$(4\times3\div2)\times2=12\ (\mathrm{cm}^3)$
(2) 底面の円の半径が $10\div2=5$ (cm)，
高さが 12 cm の円錐だから，
$\frac{1}{3}\times\pi\times5^2\times12=100\pi\ (\mathrm{cm}^3)$

**5** 水は底面が直角三角形で，高さが 12 cm の三角柱の形になっている。
$(15\times10\div2)\times12=900\ (\mathrm{cm}^3)$

**6** 1 回転させてできる立体は，円柱と円錐を合わせた立体だから，表面積，体積はそれぞれ
$4\times(2\pi\times3)+\pi\times5^2\times\frac{2\pi\times3}{2\pi\times5}+\pi\times3^2=48\pi\ (\mathrm{cm}^2)$
$\pi\times3^2\times4+\frac{1}{3}\times\pi\times3^2\times4=48\pi\ (\mathrm{cm}^3)$

# 7 章　データの分析

## p.63 予想問題

**1** (1) 5 cm
(2) 155 cm 以上 160 cm 未満の階級
(3) 15 人
(4) 右の図のヒストグラムと折れ線グラフ

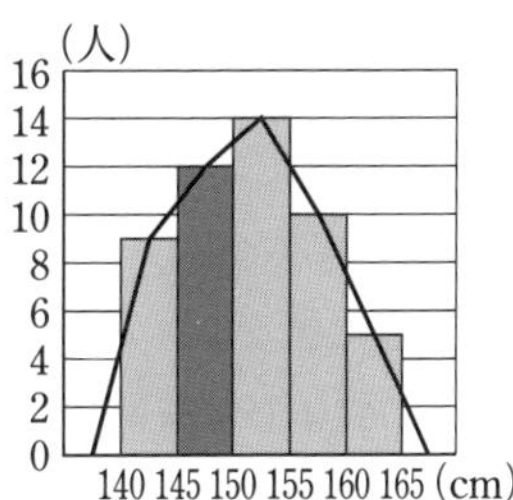


(5) 0.28
(6) 0.70
(7) いえる。

**2** ① 25　② 1　③ 400
④ 20　⑤ 15

**3** 14 m

解説

**1** (1) ポイント　データを整理するために用いる区間を「階級」といい，
その区間の幅が「階級の幅」である。
階級の幅は，たとえば，140 cm 以上 145 cm 未満の階級から考えて，
$145-140=5$ (cm)
(3) 155 cm 以上 160 cm 未満の階級の度数が 10 人，160 cm 以上 165 cm 未満の階級の度数が 5 人だから，155 cm 以上の生徒の人数は，
$10+5=15$ (人)
(4) 注意　ヒストグラムから，度数分布多角形をかくときは，左右の両端には度数が 0 の階級があるものとして，線分を横軸までのばしておく。
(5) ポイント　相対度数はその階級の度数の合計に対する割合だから，$\frac{(\text{階級の度数})}{(\text{度数の合計})}$ で求められる。150 cm 以上 155 cm 未満の階級の度数は 14 人だから，その階級の相対度数は，
$14\div50=0.28$
(6) 140 cm 以上 155 cm 未満の階級の度数は，
$9+12+14=35$ だから，
155 cm 未満の累積相対度数は，
$35\div50=0.7$

(7) (6)より，155 cm 未満の人は全体の 7 割をしめている。A さんは，155 cm 以上の階級に入っていて，身長の高いほうから 3 割のなかに入っているので，A さんは身長が高いほうだといえる。

**2** ポイント 個々のデータの値の合計をデータの総数でわった値が「平均値」であるが，
「度数分布表から平均値を求める」ときは，次のようにする。

1 階級値を求め，
(階級値)×(度数) を計算する。

2 1で求めた値をすべて加える。これを個々のデータの値の合計と考える。

3 2で求めた結果を度数の合計でわり，平均値とする。

ここでは，次の表のように書きなおして，平均値を求める。

| 時間 (分) | 階級値 (分) | 度数 (人) | (階級値)×(度数) |
|---|---|---|---|
| 以上　未満 | | | |
| 0～10 | 5 | 3 | 15 |
| 10～20 | 15 | 8 | 120 |
| 20～30 | ① 25 | 6 | 150 |
| 30～40 | 35 | 2 | 70 |
| 40～50 | 45 | ② 1 | 45 |
| 計 | | 20 | ③ 400 |

① (20＋30)÷2＝25

② 度数分布表より読み取る。

③ 各階級の階級値を求め，
(階級値)×(度数) を計算して，その値をいちばん右の列に書き，それをすべて加えると 400 になる。平均値は 400÷20＝20 (分)

⑤ 最も多い度数は 10 分以上 15 分未満の階級の度数の 8 だから，最頻値はその階級の階級値で 15 分

ポイント 「最頻値」は，データのなかで最も多く出てくる値のことだが，
度数分布表では最大の度数をもつ階級の階級値のことである。

**3** データを小さい順に並べると
15，16，18，20，21，23，27，27，29
になる。
分布の範囲は，(最大の値)−(最小の値) で求めるから，29−15＝14 (m)

## p.64 章末予想問題

**1** (1) ① **7.6**　② **9**
③ **8**　④ **39**
⑤ **0.125**　⑥ **0.225**
⑦ **0.200**　⑧ **1**

(2) **8.2 秒**

(3) **8.0 秒**

**2** (1) ① **0.170**　② **0.165**
③ **0.168**

(2) **およそ 0.166**

解説

**1** (1) ① (7.4＋7.8)÷2＝7.6
② 40−(3＋5＋12＋10＋1)＝9
③ 3＋5＝8
④ 30＋9＝39
⑤ 5÷40＝0.125
⑥ 9÷40＝0.225
⑦ 8÷40＝0.200
または，0.075＋0.125＝0.200
⑧ 40÷40＝1
または，0.975＋0.025＝1

(2) $(\text{平均値})=\dfrac{\{(\text{階級値})\times(\text{度数})\}\text{の総和}}{(\text{度数の合計})}$
だから，7.2×3＋7.6×5＋8.0×12＋8.4×10＋8.8×9＋9.2×1＝328 より，
328÷40＝8.2 (秒)

(3) 最も多い度数は 7.8 秒以上 8.2 秒未満の階級の度数の 12 だから，最頻値はその階級の階級値で，8.0 になる。

**2** (1) ① 102÷600＝0.170
② 132÷800＝0.165
③ 168÷1000＝0.168

(2) 0.205 → 0.180 → 0.170 → 0.165 → 0.168 → 0.167 → 0.166 となるので，0.166 に近づいていると考えられる。

6 5 4 3 2
D C B A

中間・期末の攻略本

テストに出る！

# 5分間攻略ブック

大日本図書版

数学
1年

重要事項をサクッと確認

よく出る問題の
解き方をおさえる

赤シートを
活用しよう！

テスト前に最後のチェック！
休み時間にも使えるよ♪

「5分間攻略ブック」は取りはずして使用できます。

# 1章　数の世界のひろがり

教科書 p.12~p.35

## 何という？

□ 1とその数自身の積の形でしか表せない自然数　素数

□ 自然数を素因数だけの積の形に表すこと　素因数分解する

□ 同じ数をいくつかかけ合わせたもの（累乗（るいじょう））の右肩（みぎかた）に小さく書いた数　指数

□ 0より小さい数　負の数

□ 数直線上で，原点からその点までの距離（きょり）　絶対値

## 累乗の指数を使って表すと？

□ $(-3)\times(-3)=$ $(-3)^2$

□ $(-3)\times(-3)\times(-3)=$ $(-3)^3$

## どう表す？

□ 200円の収入を＋200円と表すとき，200円の損失　−200円

□ ＋，−を使って，0℃より6℃低い温度　−6℃

## 不等号を使って表すと？

□ −5と−2　$-5<-2$

□ 5，−7，−4　$-7<-4<5$

## 次の問いに答えよう。

□ 自然数は0をふくむ？　ふくまない

□ −1.8に最も近い整数　−2

□ −4の絶対値　4

□ 絶対値が6である数　+6と−6

□ $2+(-8)+(-4)+6$ を項だけを並べた式で表すと？　$2-8-4+6$

## 計算をしよう。

□ $(-9)+(-13)=$ [ − ] (9 [ + ] 13)
$=$ [ −22 ]

□ $(-9)+(+13)=$ [ + ] (13 [ − ] 9)
$=$ [ 4 ]

□ $(+9)-(+13)=(+9)$ [ + ] $(-13)$
$=$ [ − ] (13 [ − ] 9) $=$ [ −4 ]

□ $(+9)-(-13)=(+9)$ [ + ] $(+13)$
$=$ [ + ] (9 [ + ] 13) $=$ [ 22 ]

### ◎ 攻略のポイント

**数の大小（数直線）**

←負の向き　小　原点　大　正の向き→

−5　−4　−3　−2　−1　0　+1　+2　+3　+4　+5

不等号を使って大小を表すときは，㊤<㊥<㊦ ではなく ⓐ：㊫小<㊥<㊰大

# 1章　数の世界のひろがり

教科書 p.36~p.62

## 何という？

□ 2つの数の積が1であるとき，一方の数からみた他方の数　逆数

## 計算をしよう。

□ $-7+(-9)-(-13)$

$=-7\boxed{-}9\boxed{+}13=13-7-9$

$=13-16=\boxed{-3}$

□ $4-(+8)-(-6)+(-5)$

$=4\boxed{-}8\boxed{+}6\boxed{-}5$

$=4+6-8-5=10-13=\boxed{-3}$

□ $(-4)\times(-5)=\boxed{+}(4\boxed{\times}5)$

$=\boxed{20}$

□ $(+20)\div(-4)=\boxed{-}(20\boxed{\div}4)$

$=\boxed{-5}$

□ $(-20)\div(+3)=\boxed{-}(20\boxed{\div}3)$

$=\boxed{-\frac{20}{3}}$

□ $(-6)\times0=\boxed{0}$

□ $0\div(-6)=\boxed{0}$

□ $2^3=2\times2\times2=\boxed{8}$

□ $-2^2=-(2\times2)=\boxed{-4}$

□ $(-2)^2=(-2)\times(-2)=\boxed{4}$

□ $(-4)\times3\times(-2)$

$=+(4\times3\times2)=\boxed{24}$

□ $(-4)\div\left(-\frac{2}{3}\right)\times(-3)$

$=(-4)\times\boxed{\left(-\frac{3}{2}\right)}\times(-3)$

$=-\left(4\times\frac{3}{2}\times3\right)=\boxed{-18}$

□ $-3^2-4\times(1-3)=\boxed{-9}-4$

$\times\boxed{(-2)}=-9+8=\boxed{-1}$

□ $(-3)\times2-36\div(-9)$

$=\boxed{-}6\boxed{+}4=\boxed{-2}$

□ $\left(\frac{2}{3}-\frac{3}{2}\right)\times6=\frac{2}{3}\times6+\boxed{\left(-\frac{3}{2}\right)}\times6$

$=\boxed{4}+\boxed{(-9)}=\boxed{-5}$

❄ $(a+b)\times c=a\times c+b\times c$

□ $13\times4+13\times(-6)=\boxed{13}\times\{4$

$+\boxed{(-6)}\}=13\times\boxed{(-2)}=\boxed{-26}$

❄ $a\times b+a\times c=a\times(b+c)$

### ◎ 攻略のポイント

**累乗の計算と四則の混じった式の計算順序**

■ $(-4)^2=(-4)\times(-4)=16$　　$-4^2=-(4\times4)=-16$

$-4$ を2個かけ合わせる。　　4を2個かけ合わせる。

■ （ ）の中・累乗 ➡ 乗法・除法 ➡ 加法・減法 の順に計算

# 2章　文字と式

教科書 p.66~p.81

## 文字を使った式の表し方は？

□ 文字を使った式では，乗法の記号 × をどうする？　省く

□ 文字と数の積では，数と文字のどちらを先に書く？　数

□ いくつかの文字の積は何の順に書くことが多い？　アルファベット順

□ 文字を使った式では，除法の記号 ÷ を使わずに，どう表す？　分数の形で表す

## 式を書くときの約束にしたがうと？

□ $5\times x$　$5x$

□ $1\times a$　$a$

□ $(-1)\times a$　$-a$

□ $(-5)\times a$　$-5a$

□ $y\times a\times 5$　$5ay$

□ $(a+b)\times(-6)$　$-6(a+b)$

□ $2\times a-3\times b$　$2a-3b$

□ $x\times(-4)-2$　$-4x-2$

□ $x\times x\times x$　$x^3$

□ $a\times b\times b\times a\times a$　$a^3b^2$

□ $a\div 7$　$\frac{a}{7}$

□ $4\div x\div y$　$\frac{4}{xy}$

□ $(x-y)\div 2$　$\frac{x-y}{2}$

## 次の問いに答えよう。

□ 式の中の文字を数に置きかえることを，文字にその数をどうするという？　代入する

□ 式の中の文字に数を代入して計算した結果を何という？　式の値

## 式の値は？

□ $x=5$ のとき，$2x+3$ の値

➡ $2x+3=2\times 5+3$　13

□ $x=-5$ のとき，$-x$ の値

➡ $-x=-(-5)$　5

✿負の数を代入するときは（　）をつける。

□ $x=-3$ のとき，$x^2-x$ の値

➡ $x^2-x=(-3)^2-(-3)$　12

## ◎ 攻略のポイント

**記号×や÷を使って表すとき**

■ $3a^2+\frac{b}{5}$ ➡ $3\times a\times a+b\div 5$

分数はわり算で表す。

$\frac{a+b}{5}$ ➡ $(a+b)\div 5$

分子の $a+b$ はひとまとまりと考え，（　）をつける。

# 2章　文字と式

教科書 p.79~p.96

## 次の問いに答えよう。

□ 文字をふくむ項で，数の部分はその項の何という？　(例)$\underline{3}a$　係数

□ $2x$ や $2x+3$ のように，1次の項だけの式や，1次の項と数の項との和で表される式を何という？　1次式

□ $(2x+3)\times4$ のような1次式と数との乗法では，どの計算法則を使って計算する？　分配法則

□ 数量の大きさが等しいという関係を，等号を使って表した式を何という？　等式

□ 数量の大小関係を，不等号を使って表した式を何という？　不等式

## 次の式の項と係数は？

□ $-4a+6$

項→ $-4a$，$6$　$a$ の係数→ $-4$

## 計算をしよう。

□ $4a+7a=\boxed{11a}$

□ $5x-3x-4x=\boxed{-2x}$

□ $3a+4-a+5=\boxed{2a+9}$

✽文字の部分と数の部分はまとめられない。

□ $(3x-2)+(-4x+2)$

$=3x-2\boxed{-4x+2}=\boxed{-x}$

□ $2x\times6=\boxed{12x}$

□ $3(a-2)=\boxed{3a-6}$

□ $\dfrac{5x-2}{3}\times(-6)=\dfrac{(5x-2)\times(-6)}{3}$

$=(5x-2)\times\boxed{(-2)}=\boxed{-10x+4}$

✽先に約分する。

□ $8x\div4=\dfrac{8x}{4}=\boxed{2x}$

□ $12a\div\dfrac{2}{5}=12a\times\boxed{\dfrac{5}{2}}=\boxed{30a}$

□ $(a+4)-(2a-3)$

$=a+4\boxed{-2a+3}=\boxed{-a+7}$

□ $2(a+3)-3(-a+2)$

$=2a+6\boxed{+3a-6}=\boxed{5a}$

## ◎ 攻略のポイント

### 2種類の文字をふくむ式の値

■ $a=3$，$b=-2$ のとき，$2a-3b$ の値 ➡

$2a-3b=2\times a-3\times b$　←「×」を使って表す。

$=2\times3-3\times(-2)$　←負の数は（　）をつけて代入。

$=6+6=12$

# 3章　1次方程式

教科書 p.100~p.109

## 何という？

□ 等式で，等号の左側の式を［①］，右側の式を［②］，両方を合わせて［③］

①左辺　②右辺　③両辺

□ $x$ の値によって成り立ったり成り立たなかったりする等式

（$x$ についての）方程式

□ 方程式を成り立たせる文字の値

方程式の解

□ 方程式の解を求めること

方程式を解く

✻ $x$ についての方程式は，$x=$□ の形に変形することを考えて，解を求める。

□ 等式の一方の辺にある項を，その符号を変えて他方の辺に移すこと

移項

## 等式の性質は？

□ $A=B$ ならば $A+C=$ ［$B+C$］

□ $A=B$ ならば $A-C=$ ［$B-C$］

□ $A=B$ ならば $AC=$ ［$BC$］

□ $A=B$ ならば $\frac{A}{C}=$ ［$\frac{B}{C}$］

（ただし，$C\fallingdotseq 0$）

✻ $C\fallingdotseq 0$ は，$C$ が $0$ でないことを表す。

□ 等式の両辺を入れかえても，等式は成り立つ。$A=B$ ならば ［$B=A$］

## 移項しよう。

□ $3x-5=2x+3$

$3x$ ［$-2x$］ $=3$ ［$+5$］

## 方程式を解こう。

□ $3x-5=4$

$3x=4$ ［$+5$］

$3x=9$

［$x=3$］

□ $2x+4=-2$

$2x=-2$ ［$-4$］

$2x=-6$

［$x=-3$］

□ $3x-5=-7x+4$

$3x+7x=4$ ［$+5$］

$10x=9$

［$x=\frac{9}{10}$］

□ $2x+4=3x-2$

$2x-3x=-2$ ［$-4$］

$-x=-6$

［$x=6$］

## ◎ 攻略のポイント

**方程式の解き方**

1 $x$ をふくむ項を左辺に，数だけの項を右辺に**移項**する。

2 両辺を計算して，$ax=b$ の形にする。

3 両辺を $x$ の係数でわる。

$4x-3=2x+5$

↓ 1

$4x-2x=5+3$

↓ 2

$2x=8$

↓ 3

$x=4$

# 3章　1次方程式

教科書 p.109~p.121

## 方程式を解くときに注意することは？

□ かっこがあるとき　かっこをはずす

□ 係数に小数があるとき

両辺に 10 や 100 などをかける

□ 係数に分数があるとき

両辺に分母の最小公倍数をかける

## 何という？

□ 移項して計算すると，$ax+b=0$ の形になる方程式　1次方程式

□ 両辺にある数をかけて，係数を整数になおすこと　分母をはらう

## 方程式を解こう。

□ $4(x+1)=3x-2$

$\boxed{4x+4}=3x-2$　（かっこをはずす）

$4x\boxed{-3x}=-2\boxed{-4}$

$\boxed{x=-6}$

□ $0.5x+0.3=0.2x-0.7$

$\boxed{5x+3}=2x-7$　（両辺に 10 をかける）

$5x\boxed{-2x}=-7\boxed{-3}$

$3x=-10$

$\boxed{x=-\frac{10}{3}}$

□ $\frac{2}{3}x-1=\frac{1}{2}x$

$\boxed{4x-6}=3x$　（両辺に 6 をかける）

$4x-3x=6$

$x=\boxed{6}$

## 比例式とは？

□ $a:b$ で表された比で，$a$ を $b$ でわった商 $\frac{a}{b}$ を何という？　比の値

□ 比例式 $a:b=c:d$ の性質は？

$ad=bc\left(\frac{a}{b}=\frac{c}{d}\right)$

## 比例式を解こう。

□ $(x-3):2=x:3$

$(x-3)\times\boxed{3}=2\times\boxed{x}$

$\boxed{3x-9}=2x$

$3x-2x=9$

$x=\boxed{9}$

### ◎ 攻略のポイント

**方程式を使って問題を解く手順**

1. わかっている数量と求める数量を明らかにし，何を $x$ にするかを決める。
2. 等しい関係にある数量を見つけて方程式をつくり，その方程式を解く。
3. 方程式の解を問題の答えとしてよいかどうかを確かめ，答えを決める。

## 4章　量の変化と比例，反比例

教科書 p.124~p.141

### 何という？

□ いろいろな値をとる文字　変数

□ 変数のとりうる値の範囲　変域

□ 一定の数やそれを表す文字　定数

□ $y$ が $x$ の関数で，変数 $x$ と $y$ の関係が，$y=ax$（$a$ は定数，$a \fallingdotseq 0$）で表されること　$y$ は $x$ に比例する

□ 比例の式 $y=ax$ の文字 $a$ のこと　比例定数

□ $y$ が $x$ に比例し，$x \fallingdotseq 0$ のとき，$\frac{y}{x}$ の値は一定で，何に等しい？　比例定数

### どう表す？

□ 変域は何を用いて表す？　不等号（数直線）

□ $x$ の変域が 3 より大きいこと

（数直線：3）

$3<x$

□ $x$ の変域が 4 以上 8 未満のこと

（数直線：4，8）

$4 \leqq x<8$

✽ ●はふくむ，○はふくまないことを表す。

### 座標について答えよう。

□ $x$ 軸（じく），$y$ 軸を両方合わせて何という？　座標軸

□ 座標を表す数の組（$a$，$b$）の $a$ は何を表す？　$x$ 座標

□ 下の図の①，②，③を何という？

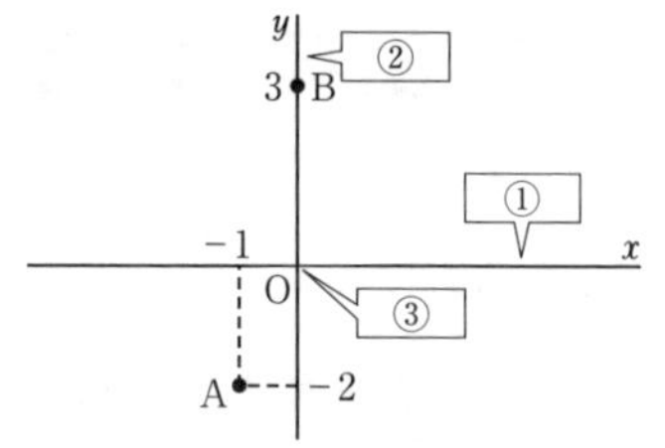


① $x$ 軸　② $y$ 軸　③原点

□ 上の図の点 A と点 B の座標は？　A（−1，−2）　B（0，3）

### 比例のグラフを求めよう。

□ $y=3x$ のグラフは右の図の①〜③のどれ？　②

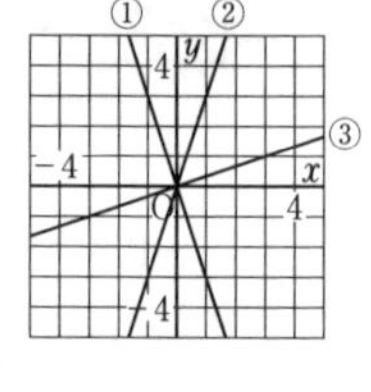


✽比例のグラフは，原点を通る直線である。

### ◎ 攻略のポイント

**比例のグラフ**

1 $y=ax$ のグラフは，原点を通る直線

2 $a>0$ のとき，右上がりの直線

3 $a<0$ のとき，右下がりの直線

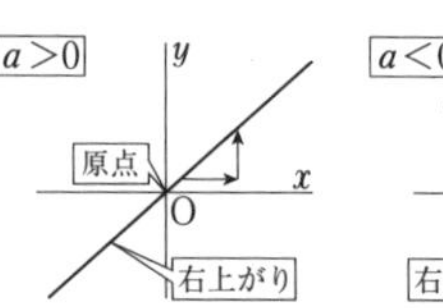


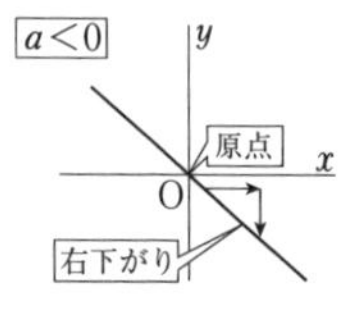

# 4章　量の変化と比例，反比例

教科書 p.142~p.160

## 比例の式を求めよう。

□ $y$ が $x$ に比例し，$x=2$ のとき $y=6$ である。$y$ を $x$ の式で表すと？

➡ 比例定数を $a$ とすると，$y=ax$ と表される。$x=2$，$y=6$ を代入すると，$6=a\times 2$ より $a=3$

$y=3x$

## 何という？

□ $y$ が $x$ の関数で，変数 $x$ と $y$ の関係が，$y=\frac{a}{x}$（$a$ は定数，$a\neq 0$）で表されること　$y$ は $x$ に反比例する

□ 反比例の式 $y=\frac{a}{x}$ の文字 $a$ のこと

比例定数

□ $y$ が $x$ に反比例するとき，$x$ と $y$ の積 $xy$ の値は一定で，何に等しい？

比例定数

□ 座標軸にそって限りなく延びる1組のなめらかな曲線である $y=\frac{a}{x}$（$a$ は定数，$a\neq 0$）のグラフ　双曲線

## 反比例のグラフをかこう。

□ $y=\frac{4}{x}$ のグラフを右の図にかくと？

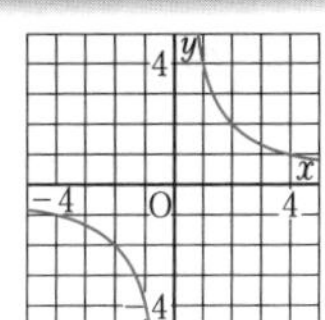


✿反比例のグラフは，双曲線である。いくつかの点の座標をとって，なめらかな曲線で結ぶ。ここでは，(1，4)，(2，2)，(4，1)，(−1，−4)，(−2，−2)，(−4，−1)を通る曲線になる。グラフは $x$ 軸や $y$ 軸とは交わらないことに注意する。

## 反比例の式を求めよう。

□ $y$ が $x$ に反比例し，$x=2$ のとき $y=6$ である。$y$ を $x$ の式で表すと？

➡ 比例定数を $a$ とすると，$y=\frac{a}{x}$ と表される。$x=2$，$y=6$ を代入すると，$6=\frac{a}{2}$ より $a=12$

$y=\frac{12}{x}$

座標は，$x$ 座標，$y$ 座標の順に書くことに注意しよう！

## ◎ 攻略のポイント

### 反比例のグラフ

$y=\frac{a}{x}$ のグラフは，右上と左下，または左上と右下の部分にあり，限りなく $x$ 軸，$y$ 軸に近づくが，交わることはない。

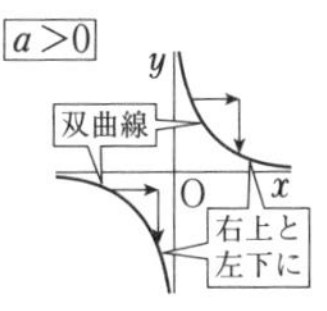


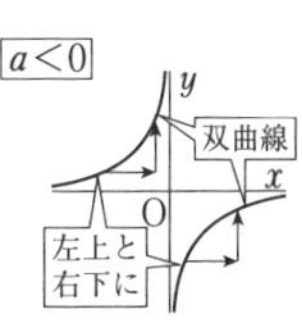

# 5章　平面の図形

教科書 p.164~p.180

## 何という？

□ 直線ABの一部分で，点Aを端(はし)として一方にだけ延びたもの　半直線AB

□ 直線ABの一部分で，2点A，Bを両端(りょうたん)とするもの　線分AB

□ 2直線が直角に交わっている（垂直である）とき，一方の直線から見た他方の直線のこと　垂線

□ 右の図の線分PQの長さ

（点Pと直線 $\ell$ との）距離(きょり)

□ 円と直線とが1点で交わるとき，この直線を円の何という？　接線

□ 円の接線と接点を通る半径はどのように交わる？　直角（垂直）

□ 右の図の①，②，③

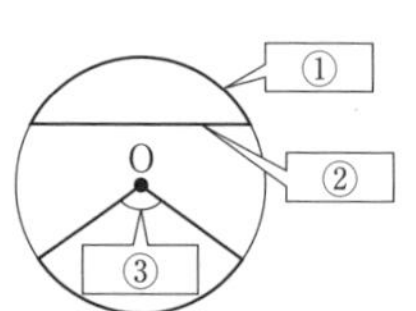


①弧　②弦　③中心角

## おうぎ形について答えよう。

□ 1つの円では，おうぎ形の弧の長さや面積は何の大きさに比例する？

中心角

□ 半径が $r$，中心角が $a°$ のおうぎ形の弧の長さを $\ell$，面積を $S$ として，$\ell$ と $S$ を求める式

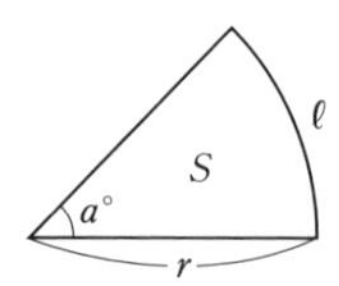


$\ell=2\pi r\times\frac{a}{360}$　　$S=\pi r^2\times\frac{a}{360}$

✽半径が $r$ のおうぎ形の弧の長さや面積がわかっているときの中心角 $a°$ の求め方は，同じ半径の円周の長さや面積の何倍かで考えるか，方程式をつくって求める。

## 次の問いに答えよう。

□ 線分を二等分する点を何という？

中点

□ 線分の中点を通り，その線分に垂直な直線を何という？　垂直二等分線

□ 線分の垂直二等分線上の点から線分の両端までの距離は等しい？　等しい

## ◎ 攻略のポイント

**垂直二等分線**

■ $AM=BM=\frac{1}{2}AB$

■ $AB\perp\ell$

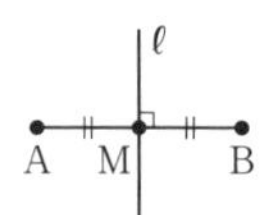


※ひし形の1つの対角線が，もう1つの対角線の垂直二等分線になっていることをイメージしながら考えていくとよい。

# 5章　平面の図形

教科書 p.180~p.199

## どう作図する？

□ 線分 AB の垂直二等分線

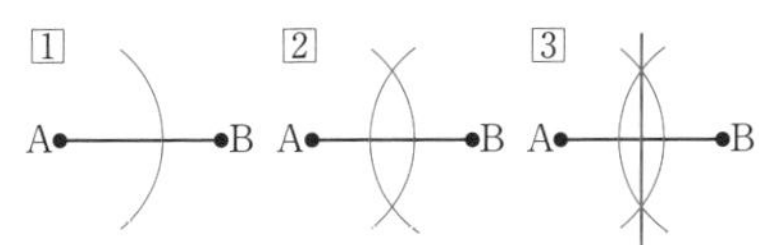


□ ∠AOB の二等分線

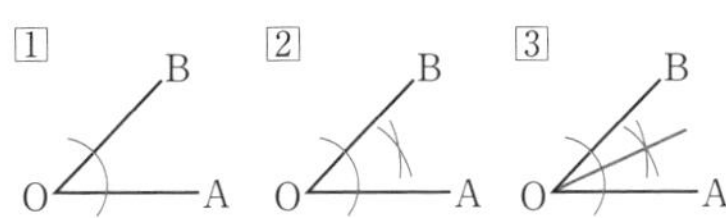


□ 直線 ℓ 上の点 P を通る垂線

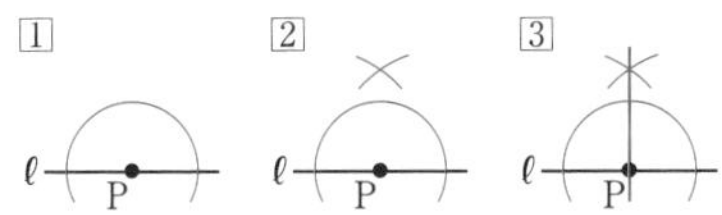


□ 直線 ℓ 上にない点 P を通る垂線

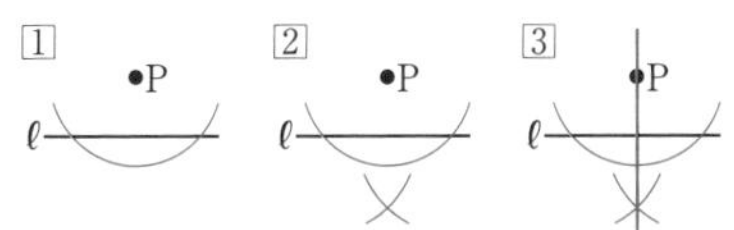


## 次の問いに答えよう。

□ 右の図で，2 点 A，B から等しい距離にある点はどんな直線上にある？　線分 AB の垂直二等分線上

## 次の移動を何という？

□ 右の図のように，図形をある方向に一定の長さだけずらす移動　平行移動

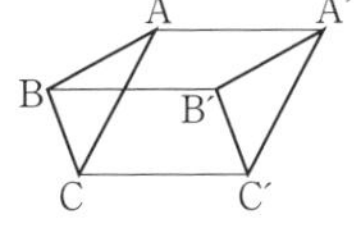


✽ AA′＝BB′＝CC′

✽ AA′，BB′，CC′ は平行になる。

□ 右の図のように，図形をある定まった点 O を中心として，一定の角度だけ回す移動　回転移動

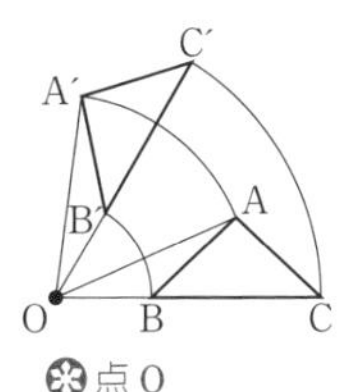


✽点 O
→「回転の中心」

✽ ∠AOA′＝∠BOB′＝∠COC′

✽ 180° の回転移動を「点対称移動」という。

□ 右の図のように，図形をある定まった直線 ℓ を軸として裏返す移動　対称移動

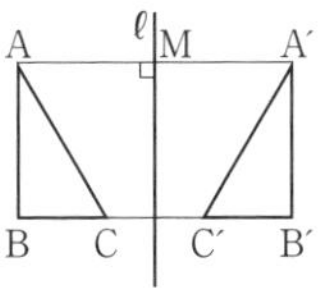


✽ ℓ →「対称軸」

✽ AM＝A′M　AA′⊥ℓ

### ◎ 攻略のポイント

**作図の利用**

- 円の接線の作図 ➡ 接点を通り，接点と円の中心を結ぶ直線の垂線をひく。
- 30° の角の作図 ➡ 正三角形をかいてから，ひとつの角 (60°) の二等分線をひく。
- 45° の角の作図 ➡ 垂線をかいてから，その角 (90°) の二等分線をひく。

# 6章　空間の図形

教科書 p.202~p.210

## 角柱や角錐，円柱や円錐の面の形は？

□ 角柱の底面と側面の形は？

底面…多角形　側面…長方形

□ 角錐の底面と側面の形は？

底面…多角形　側面…三角形

□ 円柱や円錐の底面は平面であるが，側面の形は？

曲面

## 次の立体の名前は？

□ 底面が三角形である角柱　三角柱

□ 底面が四角形である角錐　四角錐

□ 右の㋐や㋑のような立体

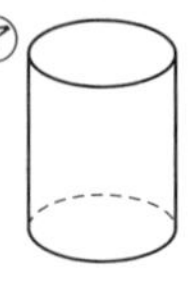


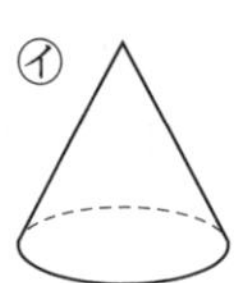


㋐円柱　㋑円錐

□ 底面が正方形である角柱　正四角柱

□ 底面が正三角形で，側面がすべて合同な二等辺三角形である角錐

正三角錐

## 何という？

□ いくつかの平面だけで囲まれた立体

多面体

✻円柱や円錐は曲面があるので，多面体とはいわない。

□ すべての面が合同な正多角形で，どの頂点のまわりの面の数も同じである，へこみのない多面体

正多面体

## 次の条件は？

□ 平面が1つに決まるための条件は，一直線上にない点が何点わかればよい？

3点

## 次の位置関係は？

□ 同じ平面上にあって，交わらない2直線

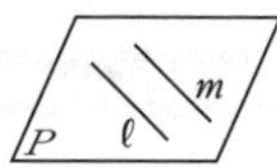


平行

□ 同じ平面上にない2直線

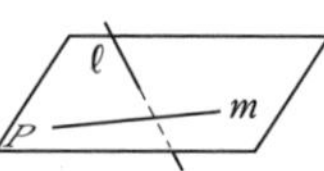


ねじれの位置

### ◎ 攻略のポイント

**正多面体**

正四面体，正六面体，正八面体，正十二面体，正二十面体の5種類がある。

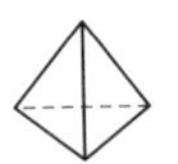
正四面体

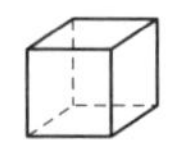
正六面体（立方体）

正八面体

正十二面体

正二十面体

# 6章　空間の図形

## 次の位置関係は？

□ 空間にある交わらない直線と平面

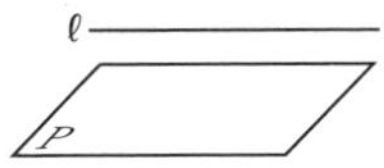


平行

□ 平面Pに交わる直線ℓが，その交点Oを通る平面P上の2直線に垂直なときの直線ℓと平面P

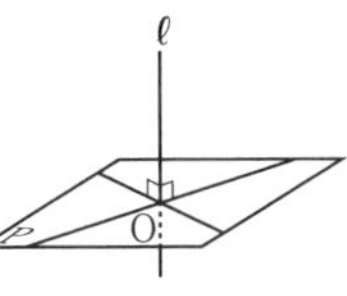


垂直

□ 空間にある交わらない2平面

P
Q

平行

## 何という？

□ 右の図の線分ABの長さ

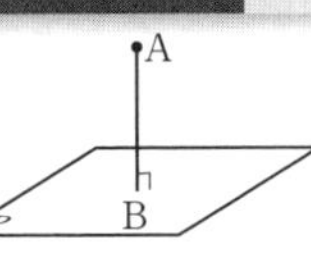


（点Aと平面Pとの）距離（きょり）

□ 平面図形を1つの直線のまわりに1回転させできた立体　回転体

□ 右の円柱や円錐の①

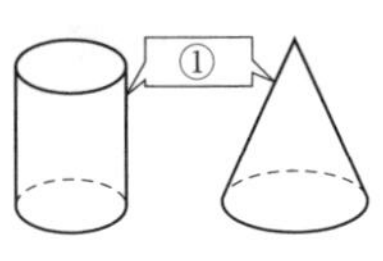


母線

✻円柱では，母線の長さが高さになる。

□ 立体を，立面図と平面図で表した図

投影図

## どんな立体？

□ 右の半円を，直線ℓを回転の軸として1回転させてできる立体

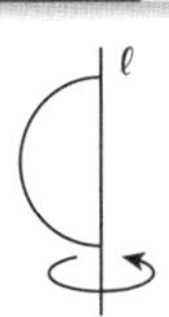


球

□ 右の投影図はどんな立体を表している？

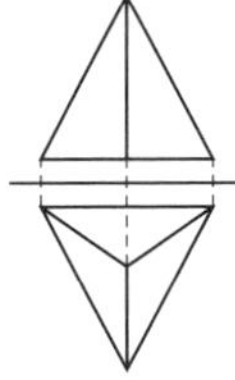

三角錐

□ 右の投影図はどんな立体を表している？

円柱

### ◎ 攻略のポイント

**ねじれの位置にある直線の見つけ方**

■同じ平面上にない2直線だから，まずは，同じ平面上にある平行な直線と交わる直線を調べるとよい。

（例）

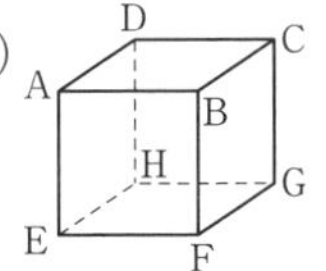


左の立方体で辺ABとねじれの位置にある辺は？
➡ 辺EH，FG，DH，CG

# 6章　空間の図形

教科書 p.218~p.234

## 何という？

□ 立体の表面全体の面積　表面積

□ 立体の１つの底面の面積　底面積

□ 立体の側面全体の面積　側面積

## 下の三角柱の展開図で，次の面はどこ？

□ 底面積を求めるための面

㋐(㋔)

| | ㋐ | |
|---|---|---|
| ㋑ | ㋒ | ㋓ |
| | ㋔ | |

□ 側面積を求めるための面

㋑，㋒，㋓

## 次の問いに答えよう。

□ 円柱で，展開図の側面となる長方形の横の長さ(高さではない辺)は，円柱の底面のどの長さに等しい？

円周(の長さ)

□ 円錐で，展開図の側面となるおうぎ形の弧の長さは，円錐の底面のどの長さに等しい？

円周(の長さ)

## 下の円錐について答えよう。

□ 円錐の展開図で，側面になるおうぎ形の中心角は，

$$360°\times\frac{(\text{底面の円周})}{(\text{母線の長さを半径とする円の円周})}$$

で求められるから，

右の円錐の展開図で，側面になるおうぎ形の中心角は？　240°

4cm　6cm

❋ $360°\times\frac{2\pi\times4}{2\pi\times6}$

□ 上の円錐の側面積は，半径 6cm の円の面積の何倍になる？　$\frac{2}{3}$倍

## 立体の体積を求める公式は？

※角柱や円柱，角錐や円錐の底面積を $S$，高さを $h$ とする。

□ 角柱や円柱の体積 $V$　$V=Sh$

□ 角錐や円錐の体積 $V$　$V=\frac{1}{3}Sh$

## 球の表面積や体積を求める公式は？

□ 球の表面積 $S$(半径：$r$)　$S=4\pi r^2$

□ 球の体積 $V$(半径：$r$)　$V=\frac{4}{3}\pi r^3$

## ◎ 攻略のポイント

### 表面積と体積

■角柱・円柱 ➡ (表面積)＝(側面積)＋2×(底面積)　(体積)＝(底面積)×(高さ)

■角錐・円錐 ➡ (表面積)＝(側面積)＋(底面積)　(体積)＝$\frac{1}{3}$×(底面積)×(高さ)

# 7章　データの分析

教科書 p.238~p.245

## 何という？

□ データの最大値と最小値との差

範囲(レンジ)

□ 区間の幅　階級の幅

□ ヒストグラムの各階級の長方形の上の辺の中点を，順に折れ線で結んだグラフ

度数分布多角形(度数折れ線)

✿ヒストグラムから度数分布多角形をかくとき，左右の両端(りょうたん)には度数が0の階級があるものとする。

□ 各階級の度数の，全体に対する割合

相対度数

## ヒストグラムに表そう。

□ 右の度数分布表からヒストグラムと度数分布多角形(度数折れ線)をかくと？

| 時間(分) | 度数(人) |
|---|---|
| 以上　未満 | |
| 10～20 | 3 |
| 20～30 | 9 |
| 30～40 | 12 |
| 40～50 | 6 |
| 計 | 30 |

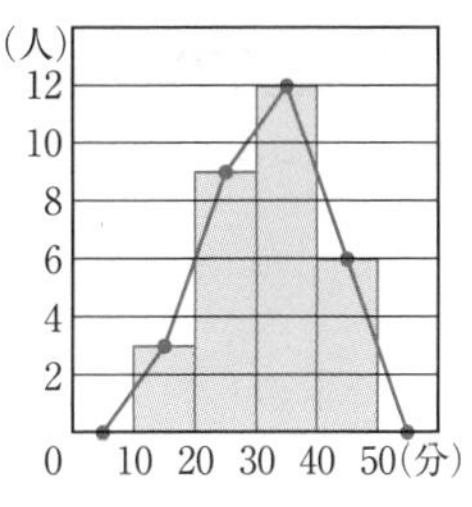


✿ヒストグラムは，階級の幅を横，度数を縦とする長方形を並べたグラフである。

## 相対度数で表そう。

□ 下の表の相対度数の欄をうめてグラフにかくと？

| 時間(分) | 度数(人) | 相対度数 |
|---|---|---|
| 以上　未満 | | |
| 5～10 | 8 | 0.20 |
| 10～15 | 10 | 0.25 |
| 15～20 | 12 | 0.30 |
| 20～25 | 4 | 0.10 |
| 25～30 | 6 | 0.15 |
| 計 | 40 | 1 |

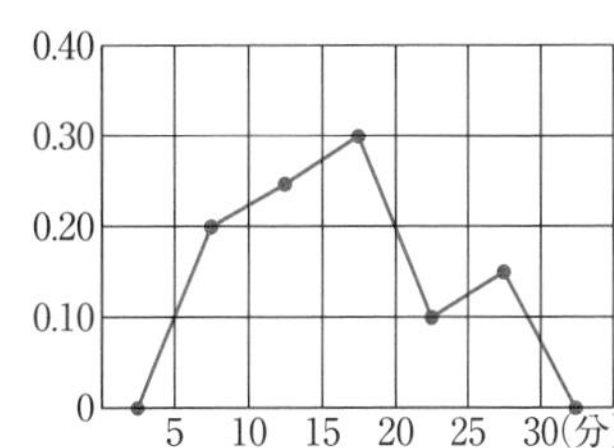


◎ 攻略のポイント

**相対度数の利用**

■ $(\text{相対度数})=\dfrac{(\text{階級の度数})}{(\text{度数の合計})}$

※データの数にちがいがあるときは，相対度数になおして比較すると，データの傾向を比べやすくなる。

# 7章　データの分析

教科書 p.246~p.261

## 何という？

□ (データの値の合計)

÷(データの個数)

で求められるもの　平均値

□ 階級の中央の値　階級値

□ 度数分布表，またはヒストグラムや度数分布多角形で，

最大の度数をもつ階級の階級値で表す値　最頻値(さいひんち)(モード)

✲データで与えられているときは，最も多く出てくる値。

□ 最小の階級から各階級までの度数の総和　累積度数

□ 最小の階級から各階級までの相対度数の総和　累積相対度数

□ 実験や観察を行うとき，あることがらの起こりやすさの程度を表す数

確率

## 度数分布表を用いた平均値は？

□ 次の度数分布表を完成させて平均値を求めると？

| 体重(kg) | 階級値(kg) | 度数(人) | (階級値)×(度数) |
|---|---|---|---|
| 以上　未満 | | | |
| 35～45 | 40 | 3 | 120 |
| 45～55 | 50 | 5 | 250 |
| 55～65 | 60 | 2 | 120 |
| 計 | | 10 | 490 |

49kg

✲度数分布表では，もとのデータの個々の数値はわからないので，階級値を使って，データ全体の合計を求める。

## 累積度数や累積相対度数とは？

□ 下の表を完成させると？

| 時間(分) | 度数(人) | 累積度数(人) | 相対度数 | 累積相対度数 |
|---|---|---|---|---|
| 以上　未満 | | | | |
| 5～10 | 6 | 6 | 0.06 | 0.06 |
| 10～15 | 16 | 22 | 0.16 | 0.22 |
| 15～20 | 30 | 52 | 0.30 | 0.52 |
| 20～25 | 28 | 80 | 0.28 | 0.80 |
| 25～30 | 20 | 100 | 0.20 | 1 |
| 計 | 100 | | 1 | |

## ◎ 攻略のポイント

**度数分布表から求める平均値**

データの個々の数値として，各階級の階級値（その階級の中央の値）を使う。
↓

■度数分布表から求める平均値　$\dfrac{\{(\text{階級値})\times(\text{度数})\}\text{の合計}}{(\text{度数の合計})}$